潮起潮落两千年

自然国学

灿烂的中国传统潮汐文化

宋正海 ● 著

深圳出版发行集团
海天出版社

图书在版编目（CIP）数据

潮起潮落两千年：灿烂的中国传统潮汐文化 / 宋正海著. -- 深圳：海天出版社，2012.1

（自然国学丛书）

ISBN 978-7-5507-0301-8

Ⅰ. ①潮… Ⅱ. ①宋… Ⅲ. ①潮汐－史料－研究－中国 Ⅳ. ①P731.23

中国版本图书馆CIP数据核字（2011）第229148号

潮起潮落两千年——灿烂的中国传统潮汐文化
Chaoqichaoluo Liangqiannian Canlan De Zhongguo Chuantong Chaoxi Wenhua

出 品 人　尹昌龙
出版策划　毛世屏
丛书主编　孙关龙　宋正海　刘长林
责任编辑　秦　海
责任技编　蔡梅琴
封面设计　同舟设计/李杨

出版发行　海天出版社
地　　址　深圳市彩田南路海天综合大厦7-8层（518033）
网　　址　http://www.htph.com.cn
订购电话　0755-83460137（批发）　83460397（邮购）
设计制作　深圳市线艺形象设计有限公司　Tel：0755-83460339
印　　刷　深圳市华信图文印务有限公司
开　　本　787mm×1092mm　1/16
印　　张　9.5
字　　数　110千字
版　　次　2012年1月第1版
印　　次　2012年1月第1次
印　　数　3000册
定　　价　25.00元

总　序

　　21世纪初，国内外出现了新一轮传统文化热。广大百姓以从未有过的热情对待中国传统文化，出现了前所未有的国学热。世界各国也以从未有过的热情，学习和研究中国传统文化，联合国设立孔子奖，各国雨后春笋般地设立孔子学院或大学中文系。很显然，人们开始用新的眼光重新审视中国传统文化，认识到中国传统文化是中华民族之根，是中华民族振兴、腾飞的基础。面对近几百年以来没有过的文化热，要求加强对传统文化的研究，并从新的高度挖掘和认识中国传统文化。我们这套《自然国学丛书》就是在这样的背景下应运而生的。

　　自然国学是我们在国家社会科学基金项目"中国传统文化在当代科技前沿探索中如何发挥重要作用的理论研究"中，提出的新研究方向。在我们组织的、坚持20余年约1000次的"天地生人学术讲座"中，有大量涉及这一课题的报告和讨论。自然国学是指国学中的科学技术及其自然观、科学观、技术观，是国学的重要组成部分。长久以来由于缺乏系统研究，以致社会上不知道国学中有自然国学这一回事；不少学者甚至提出"中国古代没有科学"的论断，认为中国人自古以来缺乏创新精神。然而，事实完全不是这样的：中国古代不但有科学，而且曾经长时期地居于世界前列，至少有甲骨文记载的商周以来至17世纪上半叶的中国古代科学技术一直居于世界前列；在公元3～15世纪，中国科学技术则是独步世界，占据世界领先地位达千余年；中国古人富有创新精神，据统计，公元前6世纪至公元1500年的2000多年中，中国的技术、工艺发明成果约占全世界的54%；现存的古代科学技术知识文献数量，也超过世界任何一个国家。因此，自然国学研究应是21世纪中国传统文化一个重要的新的研究方向。它的深入研究，不仅能从新的角度、新的高度认识和弘扬中国传统文化，使中国传统文化获得新的生命力，而且能从新的角度、新的高度认识和弘扬中国传统科学技术，有助于当前的科技创新，有助于走富有中国特色的科学技术现代化之路。

本套丛书是中国第一套自然国学研究丛书。其任务是：开辟自然国学研究方向；以全新角度挖掘和弘扬中国传统文化，使中国传统文化获得新的生命力；以全新角度介绍和挖掘中国古代科学技术知识，为当代科技创新和科学技术现代化提供一系列新的思维、新的"基因"。它是"一套普及型的学术研究专著"，要求"把物化在中国传统科技中的中国传统文化挖掘出来，把散落在中国传统文化中的中国传统科技整理出来"。这套丛书的特点：一是"新"，即"观念新、角度新、内容新"，要求每本书有所创新，能成一家之言。二是学术性与普及性相结合，既强调每本书"是各位专家长期学术研究的成果"，学术上要富有个性，又强调语言上要简明、生动，使普通读者爱读。三是"科技味"与"文化味"相结合，强调"紧紧围绕中国传统科技与中国传统文化交互相融"这个纲要进行写作，要求科技器物类选题着重从中国传统文化的角度进行解读，观念理论类选题注重从中国传统科技的角度进行释解。

由于是第一套自然国学丛书，加上我们学识不够，本套丛书肯定会存在这样或那样的不足，乃至出现这样或那样的差错。我们衷心地希望能听到批评、指教之声，形成争鸣、研讨之风。

《自然国学丛书》主编

2011. 10

目　录

前　言

　　潮汐现象是指海水在天体（主要是月球和太阳）引潮力作用下所产生的周期性运动，习惯上把海面垂直方向涨落称为潮汐，而海水在水平方向的流动称为潮流。潮起潮落是沿海地区常见的海洋自然现象。中国位于世界最大洋太平洋的西部，广大沿海地区日夜受到太平洋潮波的强大冲击，潮汐现象明显。钱塘江河口更发育了十分壮观的涌潮（怒潮）。夏秋台风季节，风助潮威，东南沿海风暴潮灾就异常严重。

　　涌潮并非只钱塘江河口最壮观，在北美芬地湾、南美亚马孙河口均有壮观涌潮。然而这些地区在古代远离文明中心，故潮汐对当地社会发展影响不大，潮汐文化并没有得到发展。古希腊位于地中海，这里潮差不大，潮汐现象并不明显，所以潮汐文化也就没有发展起来。

　　中国古代河流三角洲和广大沿海地区很早就是发达的农业经济区，人口集中、文化发达。在中国传统海洋农业文化中，潮文化占有较大比重且历史悠久。所以在中国古代，潮汐文化、潮汐学得以充分发展起来，在世界独树一帜。

　　中国传统潮汐文化中，"潮"这个词含义十分广泛，并非只是指周期性的潮汐，还包括非周期性的潮灾。潮灾主要是指"风暴潮"（storm surge），但也包括"海啸"（津浪，tsunami）等。周期性的潮汐则包括普通的"潮汐"和"涌潮"（bore），而普通"潮汐"又包括"天文潮"（astronomical tide）和"地理潮"（geographic tide）。此外，除了潮汐，还包括大海中的"潮流"（current）。上述种种，在今天也可能使非专业人士眼花缭乱，但在中国古代确实均有所论及，其中不少方面均有记载，认识也比较深。潮汐在中国古代沿海的资源开发、农业、减灾、航海、战争、海岸工程、科学技术、文学艺术、生活习俗、旅游、宗教、哲学等方面都产生着深远的影响。

我出生于世界观潮胜地——浙江海宁，直到1957年上大学才离开故土来到北京，直至今天。虽远离故土，但对海宁潮的感情至爱至深，在外越久相思越深。这就使我不自觉地将中国传统海洋学史和海洋文化的研究作为自己主要的研究方向。1975年，我所（中国科学院自然科学史所）经过十年"文革"动乱开始恢复业务，决定将搁置许多年的《中国古代科学技术史》大型丛书的研究编写项目重新启动。其中一本是《中国古代地理学史》，我就主动承担了书中的《海洋地理》一章。其后经过深入研究，完成了《中国古代海洋学史》（宋正海、郭永芳、陈瑞平著，海洋出版社，1989年）。鉴于黑格尔关于中国古代没有海洋文化的理论十分泛滥，就专门撰写了《东方蓝色文化——中国海洋文化传统》（广东教育出版社出版，1995年）这一著作，进行了驳斥。在填补了相关学术领域的空白后，出版关于中国古代潮汐文化的学术专著成为我作为一个海宁人挥之不去的学术心结。本书不仅是全面总结中国传统潮汐文化的第一本学术专著，也深入展示了中国传统海洋文化的博大精深。

我要特别感谢中国古潮汐史料整理研究组。1975年，我有幸参加他们组织的在莫干山召开的《中国古潮汐史料整理汇编》（6本）的审稿会，使我有机会系统接触到古潮汐史料。1976年，我和同事陈瑞平先生进行了沿海（自青岛到厦门）的海洋学史、海洋文化的调查。后又集中时间在我所图书馆、中国科学院图书馆、北京图书馆等处收集史料。中国古潮汐史料整理研究组的《中国古代潮汐论著选译》（科学出版社，1980年），是一本资料整理十分严谨、学术水平也很高、收集潮论很全面的著作，是我们深入研究古代潮论的宝典。本书所引潮论史料，除少数专门注明来源的，其余的均转引自《中国古代潮汐论著选译》。

在这里非常感谢孙关龙、周潮生先生审阅了本书稿，提出了宝贵意见。

当然对我的研究给予无私帮助的朋友很多，限于篇幅，只能一并在此向有关单位和同志表示衷心的感谢！

中国传统潮汐文化博大精深，本书只是初步总结，深入地研究还寄希望于年轻学者。本书不足和错误之处在所难免，恳请各方专家学者不吝指正。

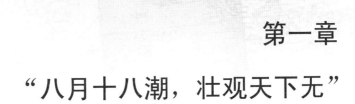

第一章

"八月十八潮，壮观天下无"

一、雄奇壮丽的海宁怒潮

"八月十八潮，壮观天下无。"①钱塘江怒潮作为天下奇观，观潮之风早在西汉就已经形成。唐宋时就已进入高潮，其时观潮胜地在钱塘（今杭州）。唐代李吉甫《元和郡县志·钱塘》：当时杭州"每年八月十八日，数百里士女共观"。宋代吴自牧《梦粱录·观潮》：当时杭州，每年八月"十六、十八日倾城而出……自庙子头直至六和塔，家家楼屋，尽为贵戚内侍等雇赁作看位观潮"。

由于河床不断的淤积造成江道变迁，钱塘怒潮也就不断向下游移动，明代后期最佳观潮地点移至海宁（今海宁市盐官镇）。几百年来，海宁怒潮名扬天下。"到海宁观潮去！"已经成为越来越多国内外旅游者的共同夙愿。近代名人至盐官观潮很多。民国时，1916年9月15日（农历八月十八日），孙中山偕夫人宋庆龄及蒋介石、朱执信、张静江、叶楚伧等人至海宁观潮。孙先生曾亲笔书写"猛进如潮"四个字，以勉励国人。其他名人如：1923年9月28日，徐志摩邀请友人胡适、汪精卫、陶行知、马君武、任鸿隽、陈衡哲等人至盐官观潮；1928年9月15日，柳亚子偕夫人郑佩宜观潮；1936年秋，冯玉祥观潮；1948年9月20日，李宗仁偕夫人郭德洁及朱家骅、陈仪、黄绍竑等人观潮。中华人民共和国成立后，1957年9月11日（农历八月十八日），毛泽东观潮并作七绝《观潮》："千里波涛滚滚来，雪花飞向钓鱼台。人山纷赞阵容阔，铁马从容杀敌回。"1950年9月29日，宋庆龄、饶漱石、陈毅、谭震林、谭启龙等观潮；1952年10月，刘伯承观潮；1953年春，彭德怀、聂荣臻观潮；1954年8月，朱德、贺龙到海宁丁桥观潮。

---

① 苏轼.《催试官考较戏作》.

3

海宁潮之所以如此壮观，这首先归功于"涌潮"（又称"怒潮"），其次是特殊地形。"由于外海潮波进入喇叭形的杭州湾之后，受到两岸急剧收缩的约束，潮波不断反射、叠加、增高，到了澉浦附近，潮波的性质已从外海的'前进波'，逐渐变成近似'立波'了……潮水从澉浦继续向上游推进时，江底坡度渐陡，快速上涨的大量潮水逆坡而上，海水迅速变浅，后浪追前浪，层层叠壅，到了尖山附近，叠壅的潮水就'破碎'翻滚，成为涌潮。""国外的入海河流中，如英国西海岸布列斯特海湾内的塞汶河与巴特拉河，英国东海岸的特兰特河，印度孟加拉湾的呼格里河，法国的塞纳河，北美芬地湾湾顶的柏蒂柯的亚河，也都有涌潮。但是，据记载，涌潮的高度都比不上钱塘江。一般河口的涌潮高度大多不超过1～1.5米，印度呼格里河的涌潮，最大约为2.5米，而钱塘江的涌潮，1975年农历八月在海宁十堡曾观测到3米左右的高度。其他河口的涌潮，大多只能在大潮时见到，一个月内只有几天，钱塘江则一月内除几天小潮之外，一般都能见到。"[①]巴西亚马孙河的涌潮可与钱塘江涌潮相媲美。

现在观潮最佳地段在海宁市盐官镇占鳌塔下观潮亭一带海塘。在这里可看到"一线潮"的雄奇壮丽景象。怒潮未来时，江面平静。怒潮初始，东方天际隐约传来阵阵急骤的细雨声，下游远处显出一条长长的银线。那银线愈近愈粗，化作一条横卧江面的白练；雨声也渐近渐响，变作暴雨声，且越来越响，犹如闷雷似的滚来。潮头迅速临近，沧海横流，江水猛涨，万顷波涛，一线白练顷刻变成了一道数米高的矗立水墙，潮声犹如万马奔腾，惊雷贯耳。刹那间，怒潮呼啸经过，奔向杭州方向。海宁观潮最佳点还有盐官以东7千米的八堡和以西11千米的老盐仓。在八堡海塘，可以看到东、南两潮汇合，两潮相撞，一声巨响，潮

① 戴泽蘅.《漫话钱江潮》. 原载《浙江日报》. 1980年9月26日. 作者曾任浙江省钱塘江工程管理局河口海岸研究所总工程师。

峰突然立起，令人惊心动魄，称为"碰头潮"。老盐仓海塘外有座648米长的丁坝，怒潮猛冲丁坝时，一声霹雳，潮头突兀竖起，霎时扬起银色暴雨，冲向天际，煞是惊险。这自丁坝返回来在江面东进的潮称为"返头潮"。（见图1-1）

图1-1 三堡返头潮
（本照片由浙江省水利河口研究院周潮生提供）

每年阴历八月中旬观潮节的几天里，中外各地旅游者云集盐官这一江南古镇，热闹非凡。

海宁是历史悠久、人文荟萃之地，名人很多，古人如谈迁、李善兰等。清代海宁有多位潮汐学家，如周春、陈诜、俞思谦等。民间长期以来就有乾隆皇帝是海宁陈家陈阁老之子的传说。海宁籍武侠小说大家金庸的武侠小说《书剑恩仇录》就来源于这个传说，其中重点描述了乾隆与他的汉人亲兄弟红花会总舵主陈家洛之间的恩怨情仇。海宁近代当代名人有王国维、蒋百里、徐志摩、金庸等人。海宁名胜古迹很多，观潮之余还可以游览盐官镇的占鳌塔、中山亭、天风海涛亭、海神庙、清代陈阁老府、王国维故居等，以及海宁市硖石镇的惠力寺、徐志摩墓、沈山（东山）、紫微山（西山）等名胜古迹。

在当前改革开放大潮中，海宁的地方经济和文化也迅速发展起来。享誉海内外的国际观潮节有力推动了地方经济文化的腾飞。1992～2008年，海宁已成功举办观潮节或观潮系列活动15次，历年观潮节及观潮活动累计吸引中外游客近800万人次。仅2007年国际观潮节期间，就有67.8万中外游客到海宁观潮。

2000年观潮节，中央电视台通过9颗卫星直播钱塘江怒潮和观潮盛况，让全国乃至全世界了解到钱塘江怒潮的成因及科学原理，看到了海宁怒潮的"天下奇观"，又感受到了钱塘江畔丰富的文化内涵，体验到了当代钱塘人汹涌澎湃的"经济大潮"，从此"海宁潮"声名鹊起。2008年中国国际钱江（海宁）观潮节，参加开幕式的来宾有来自美国、日本、德国、加拿大、意大利、比利时、挪威、新加坡等国家的客商以及港澳台同胞，参加海宁投资说明会的就有150名客商。

二、广陵观涛是汉代名胜

中国古代有涌潮的河口不止一处。最著名观潮风俗是广陵观涛和钱塘观潮。由于这两处观潮风俗的发展，古代对涌潮的描述十分形象，对它的成因也有较高水平的描述。

西汉时，长江扬州的广陵涛已闻名全国，西汉辞赋家枚乘在《七发》中第一次对涌潮作了十分生动的描写。枚乘在景帝时为吴王刘濞的郎中，刘濞为西汉刘邦侄，封地在长江下游一带，建都广陵（今江苏扬州）。刘濞在其封地内图谋篡夺帝位，枚乘上书吴王进行规劝，指出"游曲台，临上路，不如朝夕之池"（《汉书·枚乘传》），意思是吴国的潮汐比长安名胜曲台的景色更为壮观，吴王应该满足。枚乘又写《七发》赋，对刘濞进行规劝，赋中提到广陵观涛，还对广陵怒潮作了十分生动的描述。

（一）对广陵涛的描述

《七发》："将以八月之望，与诸侯远方兄弟，并往观涛于广陵曲江。"可见当时广陵观涛的时间是阴历八月十五日左右。接着，《七发》又细腻生动地描绘了广陵怒涛的壮观："其起始也，洪淋淋焉，若白鹭之下翔。其少进也，浩浩澄澄，如素车白马帷盖之张。其波涌而云乱，扰扰焉如三军之腾装。其旁作而奔起者，飘飘焉如轻车之勒兵。六驾蛟龙，附从太白……凌赤岸，篲扶桑，横奔似雷行。诚奋厥武，如振如怒，沌沌浑浑，状如奔马。混混庉庉，声如雷鼓……"①

东汉王充《论衡·书虚篇》有"广陵曲江有涛，文人赋之"的记载，说明广陵观涛之风日盛。唐代也有赞美广陵涛的，崔颢《长干曲》诗："逆浪故相邀，菱舟不怕摇。妾家扬子住，便弄广陵涛。"② 这表明唐代仍有观赏广陵涛之风，且已有弄潮活动。

（二）广陵涛的地点

《论衡·书虚篇》中的"广陵曲江有涛"，曾引起后世对广陵涛地点的长期争论。

一种观点认为是浙江西兴的钱塘江。这首先是北魏地理学家郦道元提出的。他在《水经注·浙江水》中引《七发》所述之曲江时说："潮水之前扬波者伍子胥，后重水者大夫种，是以枚乘曰涛无记焉。然海水上潮，江水逆流，似神而非，于是处。"这段话将《七发》所述之曲江用来作浙江水（即浙江、钱塘江）的注，可见他认为，广陵涛在浙江的钱塘江。清代周春《海潮说》则论证广陵曲江在西兴，即今浙江萧山县（今杭州市萧山区）境内，曲江即钱塘江。朱彝尊《曝书亭全集》卷三、三十一中论证广陵曲江是钱塘江。卷三即《谒广陵侯庙》中还引述

---

① 《七发》. 载《昭明文选》卷三十四（《四部备要》本）.
② 《长干曲》. 载宋代郭茂倩编《乐府诗集》卷七十二.

了元代钱思复"试罗刹江赋，证曲江即浙江"的结论。

另一种观点认为是江苏扬州附近的长江。唐代徐坚不同意郦道元等学者的钱塘江说，他在《初学记》卷六中指出："枚乘《七发》曰：'观涛于广陵之曲江'，曲江今扬州也。"清代汪中《广陵曲江证》也认为："曲江之为北江（即长江）非孤证矣。"[①]1781年，清代潮汐学史家俞思谦在《海潮辑说·入江之潮》中，确认广陵涛即长江扬州段的潮水，而非指钱塘江的潮水，并指出郦道元在作《水经注》时，由于"据当时所闻，偶未深考"，造成此误解。而"后人泥于郦注，遂以广陵之涛，移诸钱塘"，从而引发后世之争。

目前学术界公认涌潮形成条件是源于喇叭形河口和拦门沙坎等的存在，潮流受阻而激发形成。当代历史地理研究认为，西汉时长江扬州段正具备形成涌潮的条件。陈吉余对南京—吴淞段的长江进行历史水文地理学考察，其论文指出："可推断在公元前后一、二世纪甚至到四、五世纪，江口的形势与现在有着本质的差别。当时长江口是一近喇叭形的河口，一直到圌山以上扬州附近，才见收缩。也就是说扬州以上，江已形成，扬州以下为海湾形状，在骤然开阔的扬州湾内，散布着沙洲。当中以开沙最大，使江流分叉，北支在扬州城东形成曲江。海潮上溯，至圌山以上，奔腾澎湃，形成涌潮，历史上称之为广陵潮。"[②]论文中又绘出《2000年前长江河口图》（见图1-2）。1982年，谭其骧主编的《中国历史地图集》中所描绘的西汉长江河口轮廓也是这样。[③]杨迈里《广陵涛》中指出："广陵曲江指的是长江扬州、镇江河段。"[④]

① 《广陵曲江证》. 载《述学·内篇三》.
② 陈吉余. 《南京吴淞间长江河槽的演变过程》. 载《地理学报》. 25卷. 1959年3期.
③ 谭其骧主编. 《中国历史地图集》第2册，北京：地图出版社. 1982.
④ 杨迈里. 《广陵涛》，载《地理知识》. 1979年第12期.

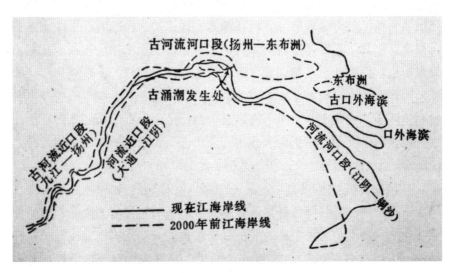

图1-2 《2000年前长江河口图》

（引自陈吉余. 《南京吴淞间长江河槽的演变过程》，
载《地理学报》. 25卷. 1959年第3期）

《七发》所讲述的是客人要求有病的吴国太子去观涛散心，自然不会舍近求远去钱塘江。汪中《广陵曲江证》指出："是时，吴王濞都广陵，北江在国门之外，故强太子往观之，若逾越江、湖千二百里，以至浙江，则病未能也。"这种推理是合常理的。《论衡•书虚篇》也指出：子胥"怨恚吴王，发怒越江，违失道理，无神之验也"。这就是说；伍子胥为吴王夫差所杀，但吴都城在苏州。怨恨吴王，伍子胥应在吴地驱水为涛才对，不该在吴地以外报复，即不该在钱塘江作涛。由此可见，汉代不仅钱塘江有涌潮，扬州长江也是有的。东汉王充在扬州做过官，对扬州的长江涌潮自然是了解的。

杨迈里又说，近年在扬州城东南近郊发现了《唐故清河张君墓志》。墓志铭明确记载着墓主在唐元和五年（810）五月九日葬于扬子县曲江乡东。唐代扬子县曲江乡的存在更证明广陵涛的曲江是长江扬州河段。

《浙江图考》从"折"与"曲"两字字义的不同，指出把长江扬州段名为曲江是有道理的。《浙江图考》说："江水自九江至江宁，乃自西南而东北，自江都至海门入海，又为自西北至东南……江至江都曲而东南也。""江至江都而曲，故广陵之江曰'曲江'。""南江（浙江，即钱塘江）自石城至安吉，为由西而少东北。自太湖至钱唐，为自北而少西南。由钱唐至余姚入海，又为自西至东。""南江入海，由太湖折而西南，又由钱唐折而东南也。""江至吴南而折，故余姚入海之江曰浙江。曲有环曲之义，折则方折矣。"①

广陵曲江究竟是钱塘江还是长江之争何时开始？如果从郦道元《水经注》提出曲江是钱塘江开始，则应为该书成书年代的515~524年。如果从徐坚《初学记》反驳郦道元的钱塘江说法，明确提出曲江是长江开始，则应为该书成书年代的725年。至于争论结束，如果以当代历史地理学考证、考古研究证实西汉时期长江河口确实也为喇叭形，并且扬州为喇叭形河口的狭窄处为标志，则为1959年（陈吉余）或1979年（杨迈里）。这样有关广陵涛地点的长江说和钱塘江说之争长达千年以上。

（三）广陵涛盛于汉至六朝

清代费锡璜《广陵涛辨》："春秋时潮盛于山东，汉及六朝盛于广陵。唐、宋以后潮盛于浙江，盖地气自北而南，有真知其然者。"② 这就较明确提出了历史上广陵涛存在的时间。历史记载也证明广陵涛确实是盛于汉至六朝。

西汉《七发》特别提到首都长安著名的曲台比不上吴国的潮汐。《七发》又生动地描绘了广陵涛的壮观。东汉《论衡》又提到"广陵曲江有涛，文人赋之"。这些均说明在整个汉代，广陵观涛为一大名胜。

南北朝时，广陵涛仍十分兴盛。《南齐书·州郡志》："南兖州刺史每以秋月出海陵观涛，与京口对岸，江之壮阔处也。"③海陵治所为今泰州。京口为今镇江，其对岸为扬州。可见观潮胜地在扬州东面不远处。

① 《浙江图考》. 载王先谦《汉书补注·地理志上》.
② 《广陵涛辨》. 载费锡璜《贯通堂集》卷三.
③ 《南齐书·州郡志》.《海潮辑说·入江之潮》引.

刺史每年秋月观涛，说明当时的广陵涛仍很壮观。《南徐州记》："京口，禹贡北江也，阔漫三十里，通望大壑，常以春秋朔望，辄有大涛，声势骇壮，极为奇观。涛至江北激赤岸，尤更迅猛。"[1]南朝宋时永初二年（421）改徐州为南徐州，治所京口。可见当时大潮可到扬州、镇江以西。赤岸即赤岸山，在今六合县东南，山临长江，江岸色赤红。"赤岸在广陵兴县"。[2]由上述记载可知南朝永初时，广陵涛仍很大。

（四）广陵涛消失大约在唐大历年间

唐代诗人李颀《送刘昱》诗，有"鸬鹚山头微雨晴，扬州郭里暮潮生"[3]的诗句，说明唐开元、天宝时（713～755），广陵涛还存在，但已不壮观。只是台风季节，风助潮威，才引起很大潮灾，这已不是涌潮而是风暴潮了。正如《新唐书·五行志》说：开元十四年秋，"海涛没瓜步"，"天宝十载，广陵大风驾海潮，沈江船数千艘"。

唐大历（779）以后，广陵涛正式消失。唐代诗人李绅有《入扬州郭》诗[4]。诗前小引："潮水旧通扬州郭内，大历以后，潮信不通。李颀诗'鸬鹚山头微雨晴，扬州郭里暮潮生'，此可以验。"在诗中还有"欲指潮痕问里闾"的话。可见李绅时代虽没有广陵涛了，但其消失还不太久，因此当地老人还可以指出潮痕。

---

① 《南徐州记》. 载《初学记》卷六.
② 郭璞. 《江赋》注. 载《海潮辑说·入江之潮》引.
③ 李颀. 《送刘昱》. 载《全唐诗》卷一百三十三.
④ 李绅. 《入扬州郭》. 载《全唐诗》卷四百八十二.

三、钱塘观潮风俗盛行于唐代

"何处潮偏盛？钱塘无与俦"，这是宋代范仲淹在杭州当知州观钱塘怒潮后写的观潮诗《和运使舍人观潮》中开头的诗句，惊叹钱塘江怒潮是世界无与之能比的。范仲淹的"钱塘无与俦"的说法现已得到证实。地理学家竺可桢也说："钱塘江之怒潮其声其色，其高度与速率，除北美之丰隄（芬地）湾而外，可称举世无比。"[1]科学史家英国李约瑟也认为："中国还拥有世界两大观潮胜地之一，即杭州附近的钱塘江，另外一个胜地是亚马孙河北河口，那里距离任何文明古国都是很远的。赛汶河的潮汐要小得多，因此从很早的时候起，这种显然和一般海潮同类、但给人印象却极为深刻的自然现象，便引起了中国思想家们的兴趣，因而对它作出了解释。"[2]

钱塘江怒潮形成也应该很早，《越绝书》卷四："西则迫江，东则薄海……波涛浚流，沈而复起，因复相还。浩浩之水，朝夕既有时，动作若惊骇，声音若雷霆。波涛援而起……"按这段文字描述可见先秦时已有钱塘江涌潮。但东汉王充只说"广陵曲江有涛，文人赋之"，没有说到文人赋钱塘江。可见，东汉时钱塘潮远没有广陵涛出名，看来，也还没有钱塘观潮风俗。但到晋代情况就大不相同了。西晋东晋之交的曹毗有《观涛赋》和《西陵观涛诗》。东晋葛洪曾在杭州葛岭隐居炼丹，民间也曾流传"葛洪观潮"的神话故事[3]。葛洪在《抱朴子·外佚文》中还专门探讨过钱塘江怒潮的成因。东晋顾恺之《观涛赋》则生动地描绘了钱塘怒潮："临浙江以北眷，壮沧海之宏流。水无涯而合岸，山孤映

---

① 竺可桢.《钱塘江怒潮》. 载《科学》. 第2卷. 1916年10期.
② 李约瑟.《中国科学技术史》. 第4卷. 第758页. 北京：科学出版社. 1975年.
③ 潘一平.《西湖人物》. 第112~113页. 杭州：浙江人民出版社. 1982年.

而若浮。既藏珍而纳景，且激波而扬涛。其中则有珊瑚、明月、石帆、瑶瑛、雕鳞、采介，特种奇名。崩峦填壑，倾堆渐隅。岑有积螺，岭有悬鱼。谟兹涛之为体，亦崇而宏浚。形无常而参神，斯必来以知信。势刚凌以周威，质柔弱以协顺。"①晋代苏彦还有钱塘观潮诗《西陵观涛》。由此种种说明，晋时钱塘观潮风俗已开始盛行；也可以说明晋时钱塘江怒潮更加壮观。也可能因此，北魏郦道元在《水经注》中竟把《七发》所描述长江涌潮的广陵曲江误用来注释钱塘江。这虽是个错误，但这一错误的产生似乎也可说明南北朝时，钱塘观潮风俗已相当出名了。

唐代李吉甫《元和郡县志·钱塘》："浙江在县南一十二里……江涛每日昼夜再上。常以月十日、二十五日最小，月三日、十八日极大。小则水渐涨不过数尺，大则涛涌高至数丈。每年八月十八日，数百里士女共观，舟人、渔子溯涛触浪，谓之弄潮。"这说明唐代钱塘观潮风俗已盛行且规模空前。这与诗人李绅《入扬州郭》诗所说的大历后广陵涛消失相呼应。唐代卢肇《海潮赋》则专门提出，"何钱塘汹然以独起，殊百川之进退？"并自己做了回答。这进一步说明钱塘江在唐代已完全替代了广陵观涛，成为全国唯一的观潮胜地。

唐代不少大诗人到过杭州，观赏过怒潮，留下了脍炙人口的诗篇。白居易《咏潮》诗："早潮才落晚潮来，一月周流六十回。不独光阴朝复暮，杭州老去被潮摧。"刘禹锡《浪淘沙》："八月涛声吼地来，头高数丈触山回。须臾却入海门去，卷起沙堆似雪堆。"李益《江南曲》中的"早知潮有信，嫁与弄潮儿"等。这些脍炙人口的诗句均为后人所传诵。其他观潮诗还有孟浩然的《与颜钱塘登樟楼望潮作》、姚合的《杭州观潮》、朱庆余的《看涛》、罗隐的《钱塘江潮》、徐凝的《观浙江涛》、宋昱的《樟亭观涛》等。

宋代，钱塘观潮之风更盛，弄潮活动更具规模。南宋偏安江南，临

---

① 顾恺之.《观涛赋》. 载《全上古三代两汉三国南北朝文·全晋文》.

13

安（今杭州）成为国都后，观潮之风极盛。南宋吴自牧的《梦粱录·观潮》："每岁八月内，潮怒胜于常时，都人自十一日起，便有观者，至十六、十八日倾城而出，车马纷纷，十八日最为繁盛，二十日稍稀矣。十八日盖因帅座出郊，教习节制水军，自庙子头直至六和塔，家家楼屋，尽为贵戚内侍等雇赁作看位观潮。"

宋代蔡襄、范仲淹、苏东坡等大文学家都曾在杭州做过官，观看过怒潮，写有气势磅礴的观潮诗。宋代赞美钱塘江怒潮的文学作品很多，据陈伯良收集汇编的《观潮诗词选》[①]，其中诗18首[②]、词18首[③]。

南宋朱中有《潮赜》对钱塘怒潮亦有生动描写："观夫潮之将来，先以清风，渺一线于天末，旋隐隐而隆隆。忽玉城之嵯峨，浮贝阙而珠宫。尔若鹏徙，又类鳌汴，荡谲冲突，倏忽千变。震万鼓而霆碎，扫犀象于一战。既胆丧而心折，亦神凄而目眩。已而潮平，迤逦东去。"[④]南宋周密《武林旧事》中，也有《观潮》文，生动描述了钱塘怒潮。

古代有关潮汐的画作是较难保存的，因此留下来不多。20世纪70年代，我国进行了全国性的历史潮汐资料的普查，发现了不少古代潮汐

① 陈伯良．《观潮诗词选》．载海宁市政协文史资料委员会编《海宁潮文化》．1995年.
② 《观潮诗词选》收集的宋代诗有：范仲淹《和运使舍人观潮》（两首）、苏舜钦《宿钱塘安济亭观潮》、蔡襄《和浙江观潮》、张宪《题〈观潮图〉》、郑獬《观潮》、苏轼《催试官考较戏作》和《八月十五日看潮》、米芾《绍圣二年八月十八日观潮浙江亭》、杨时《过钱塘江迎潮》、陈师道《十七日观潮》和《十八日观潮》、曹勋《浙江观潮》、陆游《观潮，送刘监至江上作》、楼钥《海潮图》、齐唐《观潮》、曾丰《题〈潮出海门图〉》、葛长庚《浙江待潮》等。
③ 《观潮诗词选》收集的宋代词有：苏轼，《南歌子·八月十八日观潮》和《瑞鹧鸪·观潮》；辛弃疾，《摸鱼儿·观潮上叶丞相》；潘阆，《酒泉子·长忆观潮》；周密，《调金门·吴山观潮》；吴琚，《酹江月·观潮》；陆凝之，《念奴娇·观潮》；史浩，《念奴娇·次韵楼友观潮》；曾觌，《浪淘沙·观潮作》；曹冠，《蓦山溪·渡江咏潮》；史达祖，《满江红·中秋夜潮》；赵鼎，《望海潮·八月十五日钱塘观潮》；吴伟业，《沁园春·观潮》；曹溶，《满江红·钱塘观潮》；朱彝尊，《满江红·钱塘观潮》；查慎行，《浪淘沙·钱塘观潮》；王锡，《过龙门·钱塘观潮》；蒋英（女），《长相思·春日登镇海塔观潮》等。
④ 朱中有．《潮赜》．载《中国古代潮汐论著选译》．北京：科学出版社．1980年.

画。最早的是南宋李嵩的《钱塘观潮图》和《夜潮图》，夏珪的《钱塘观潮图》。此外，宋代还有《旭日观潮图》《观潮图》《潮出海门图》等。

唐宋以后，钱塘观潮风俗持续不断，直到今天。明清有关观潮的诗、词、画等文学作品更是层出不穷。钱塘观潮的最佳地点不断移向下游。唐宋时，观潮胜地在杭州。明以后，观潮胜地移至海宁。[①]

四、中国古代的冲浪运动

唐代诗人崔颢《长干曲》诗中，有"逆浪故相邀，菱舟不怕摇。妾家扬子住，便弄广陵涛"诗句，说明当时已有弄潮活动了，但还不一定是后来的"踏浪"、"踏水"，而可能是驾船迎潮，类似当代国际观潮节新推出的迎潮而上的斗潮彩船。

唐代李吉甫《元和郡县志·钱塘》：当时杭州"每年八月十八日，数百里士女共观，舟人、渔子溯涛触浪，谓之弄潮"。这说明至迟在唐代，弄潮已成为每年钱塘观潮节一项观赏性的活动。李志庭认为："'弄潮'以'溯涛触浪'为特征。'溯涛'即迎浪而上，而'触浪'以后自然也就随浪前进，所以说'弄潮'也就是冲浪。"又认为："中国古代的'弄潮'即冲浪运动采取的是直接踏水，而不用冲浪板。即《简明不列颠百科全书》'冲浪运动'条所说的'踏水'。很显然，'踏浪'一词更符合冲浪运动当中'逆浪而进'、'乘浪前进'的特征。"[②]目前一般认为冲浪运动出现于18世纪80年代的夏威夷群岛。由此可知，冲浪活动在中国远比国外早得多。从《长干曲》中尚看不出弄潮活动起因于祭祀活动。

---

① 章绍英、周潮生．《钱江潮的观赏胜地为什么会变》．载《海洋》．1981年第3期．
② 李志庭．《中国古代钱塘江口的"弄潮"》．

宋朝，尤其是1126年南宋定都杭州后，娱乐活动空前繁盛。正如爱国诗人林升《题临安邸》诗所说："山外青山楼外楼，西湖歌舞几时休？暖风熏得游人醉，直把杭州作汴州。"当时"弄潮"之风更甚。吴自牧《梦粱录·观潮》：其时"有一等无赖不惜性命之徒，以大彩旗，或小清凉伞、红绿小伞儿，各系绣色缎子满竿，伺潮出海门，百十为群，执旗泅水上，以迓子胥弄潮之戏。或有手脚执五小旗浮潮头而戏弄"。周密《武林旧事·观潮》："吴儿善泅者数百，皆披发文身，手持十幅大彩旗，争先鼓勇，溯迎而上，出没于鲸波万仞中，腾身百变，而旗尾略不沾湿，以此夸能。"《武林旧事·乾淳奉亲》还记载淳熙十年（1183）八月十八日，太上皇高宗及孝宗在浙江亭观潮的盛况。

弄潮十分危险。不时有人无谓溺殁，故引起一些著名人士的批评、劝说乃至禁止。苏东坡诗曰："吴儿生长狎涛渊，冒利轻生不自怜。"仇仁近诗指出："寄语吴儿休踏浪，天吴罔象正纵横。"[1]宋代治平年间，杭州郡守蔡襄作《戒弄潮文》："斗牛之外，吴越之中，惟江涛之最雄，乘秋风而益怒。乃其俗习，于此观游。厥有善泅之徒，竞作弄潮之戏。以父母所生之遗体，投鱼龙不测之深渊。自谓矜夸，时或沉溺。精魄永沦于泉下，妻孥望哭于水滨。生也有涯，盍终于天命；死而不吊，重弃于人伦。推予不忍之心，伸尔无家之戒。所有今年观潮，并依常例，其军人百姓，辄敢弄潮，必行科罚。"北宋熙宁年间，两浙察访使李承之又"奏请禁止"，"然终不能遏也"[2]。南宋时也不乏微词。明代万历以后，大概由于钱塘江观潮离开杭州下移，"弄潮"才逐渐消失。

近年，为发展国际观潮节，弄潮现象又开始。但已用迎潮而上的斗潮彩船替代了人，这样不仅继承了古老风俗，而且安全得多。2009年还

---

① 《西湖游览志·浙江》引．第291页．上海古籍出版社．1980年．
② 《咸淳临安志·山川·浙江》．

邀请了巴西和美国的冲浪运动员来冲浪。

五、怒潮因何而成？

中国古代有关涌潮成因的理论中，一种迷信说法是与伍子胥有关的。伍子胥冤魂驱水为涛的传说在先秦已流传，《越绝书》《吴越春秋》《史记·伍子胥传》均有记载。东汉时流传更广影响更大。但王充在《论衡·书虚篇》中对这个迷信传说逐条剖析，层层批驳。他明确指出涌潮现象早在尧舜时代之前就有了，绝不是伍子胥死后才开始有的。他说潮汐在大海中并不明显，只"漾驰而已"，只是入河口后，由于河床"殆小浅狭"，才"水激沸起，故腾为涛"。为了说明这种成因，王充比喻说："溪谷之深，流者安详。浅多沙石，激扬为濑"，而"涛"的形成和"濑"的形成道理是相同的。王充用喇叭形河口的浅、狭来解释怒潮形成是正确的，至今潮汐学家仍将此作为涌潮成因的基本条件。

东晋葛洪在《抱朴子·外佚文》中继续对子胥冤魂驱水为涛的迷信传说进行了批驳："俗人云：'涛是伍子胥所作'，妄也。子胥始死耳，天地开辟已有涛水矣。"他坚持了怒潮形成的地形因素，"涛水者潮。取物多者其力盛，来远者其势大。今浙水从东，地广道远，乍入狭处，陵山触岸，从直赴曲，其势不泄，故隆崇涌起而为涛。"葛洪引入了潮流的"力"和"势"的概念。由于潮流来自远方，力盛势大。进入河口后，由于河床急剧变浅变窄，但"其势不泄"，其力不衰，于是平常的潮水被激起形成怒潮。

唐代卢肇在《海潮赋》中，提出14个潮汐学问题，第7个问题为"何钱塘汹然以独起，殊百川之进退？"他自己回答说，钱塘江发源于西部群山，流经吴、越广阔地区。许多支流汇入以及湖水灌注，所以水量很大。

他又说，钱塘江所以称浙江，是因为"浙者，折也，盖取其潮出海屈折而倒流也"。倒流的海水"夹群山而远入，射一带而中投"[1]，于是水量均很大的海水和江水在曲折狭窄的河床里相遇；两者就激而为斗，形成怒潮。

宋代怒潮成因以沙潬说为主，燕肃《海潮论》记述，他通过调查知道钱塘江河口从南岸到北岸江面宽二百余里，"以下有沙潬，南北亘连，隔碍洪波，蹙遏潮势"。当潮水自大海来经过沙潬，则"浊浪堆滞，后水盖来，于是溢于沙潬，猛怒顿涌，声势激射，故起而为涛耳"[2]。燕肃发现的钱塘江河口内"沙坎"及其作用是重要贡献，但他又排斥喇叭形河口的作用，认为钱江怒潮"非江山浅逼使之然也"，这又是错误的。

南宋朱中有继承燕肃的沙潬说。他在《潮颐》中提到他生长于海滨，往来钱塘50年，故相信"燕公所谓沙潬已尽其理，诸家言钱塘者尽废"。"燕公所谓潬者，水中沙也。钱塘海门之潬，亘二百里。夫水盈科而后进。潮长未及潬，则钱塘之江，尚空空也。及既长而冒之，自潬斗泻入江。又江沙之涨，或东或西无常地。潮为沙岸所排轧，其激涌，震天动地峨峨而来，水之理也，曷足怪乎"[3]。为进一步说明沙潬的作用，他还做了实验："尝试与子于一沟之内观之。引水满沟，则其水必平进。于沟之半，累碎石而为龃龉，从上流倾水，势必经龃龉而斗泻于下，水之激涌无怪也……愚所谓龃龉者，犹之潬耳。"南宋吴自牧在《梦粱录·浙江》中也明确支持燕肃沙潬说。

元代宣昭涌潮理论坚持了地形作用。虽没有创新，但将海门、沙潬以及江道曲折等作用综合起来，其中也包括了潮汐的"势"、"力"不泄原理。宣昭《浙江潮候图说》："浙江之潮独为天下奇观，地势然也。浙江之口有两山焉，其南曰龛山，其北曰赭山，并峙于江海之会，谓之海门。下有沙潬，跨江西、东三百余里，若伏槛然。潮之入于浙江

① 卢肇．《海潮赋》．载《中国古代潮汐论著选译》．北京：科学出版社1980年.
② 燕肃．《海潮论》．载《中国古代潮汐论著选译》．北京：科学出版社1980年.
③ 朱中有．《潮颐》．载《中国古代潮汐论著选译》．北京：科学出版社1980年.

也，发乎浩渺之区，而顿就敛束，逼碍沙潬，回薄激射，折而趋于两山之间，拗怒不泄，则奋而上跻，如素霓横空，奔雷殷地，观者胆掉，涉者心悸，故为东南之至险，非他江之可同也。"①于是形成怒潮。

钱塘江河口自杭州至尖山段的河道，历史上几经变迁。明代怒潮发生地点已在海门以下，但明代仍坚持地形说。杨魁《见潮论》："昔人谓龛、赭二山峙为海门，故激而为涛。今观汹溢之势，却在海门之外，非龛、赭二山所为明矣。"潮汐"触山薄岸，震撼击撞，势从南溢而无外泄，所以来远势大，愈进愈激，未抵海门汹涛已甚矣"②。

明代后期，钱塘江观潮胜地移至海宁，怒潮形成原因与过去有所不同。

海宁人陈诜著有《海宁县海潮议》。1720年（康熙庚子），陈诜回海宁，了解到海宁潮有两潮头。于是他去西南门外、廿里亭、尖山口等处观察，调查证实确有南北两潮头存在。《海宁县海潮议》："诜少时……潮虽直至塘下，然止一潮头，自东而西，继以急水一股，如追奔逐北，全海震动。"然庚子年"八月初于城外看潮，但见两潮头，南潮已西，北潮稍后，竟分为二不能复合"。但陈诜对此现象"终不得其故，而悉归之于沙"③。周春则续陈诜，对此现象进行了解释。《海潮说》卷上指出："头潮，南潮之（潮），即江潮。二潮，北潮之潮，即海潮也哉。"现在人们已清楚钱塘怒潮确实存在东、南两个潮头的交叉重叠的碰头潮。碰头处正好在海宁塘的八堡。（见图1-3）但这不完全是陈诜、周春说的江潮和海潮，而是潮头遇到江中沙坎被分为两段，分别从沙坎南、北前进。因南段前进路径较长，故落后于北段，造成前、后两潮。

---

① 宣昭.《浙江潮候图说》. 载《中国古代潮汐论著选译》. 北京：科学出版社. 1980年.
② 杨魁.《见潮论》. 载《海塘录》卷十九.
③ 陈诜.《海宁县海潮议》. 引自周春《海潮说》卷上.

图1-3 八堡碰头潮
（本照片由浙江省水利河口研究院周潮生提供）

　　海宁人周春《海潮说》阐述了海宁潮的成因。他在《海潮说》卷上指出，为什么唯钱塘江潮有像《七发》所描写的"所谓银山雪屋，吞天沃日，有万马奔腾之势，顷刻而数百里"，其原因是"他处之潮，海自海而江自江，故其势杀"，而海宁钱塘江潮"海自东来，经东南大洋，入尖山口而一束，其势远且猛；江自西来，前扬波后重水，出龛、赭海门而亦一束，其势隘且急。两潮会于城南，激荡冲突，然江总不敌海，海遂挟江以上，直抵严滩而止"。这种江潮（"潮"似应为"流"）和海潮共同作用形成涌潮的理论，现已得到证实。"根据科学家们研究的结果，当河流中流水的速度和潮波的速度相当或很接近时，便要产生暴涨潮"。[①]

① 毛汉礼．《海洋科学》．第64页．北京：科学出版社．1955年．

第二章
潮汐成因的千年争鸣

一、中国古代潮汐理论世界领先

潮汐现象是指海水在天体（主要是月球和太阳）引潮力作用下所产生的周期性运动，习惯上把海面垂直方向涨落称为潮汐，而海水在水平方向的流动称为潮流。潮汐是沿海地区的一种自然现象

潮汐的本质是什么？它是如何形成周期性涨落的？对此，人们进行过种种猜测和解释。中国古代潮汐理论十分活跃。清代潮汐学史家俞思谦《海潮辑说》："古今论潮汐者，不下数十家。"清代周春《海潮说》卷上："古今言潮者无虑数十家。"1978年，中国古潮汐史料整理研究组的《中国古代潮汐史料汇编》收集潮论91篇。1980年，该组《中国古代潮汐论著选译》（科学出版社）则精选了28篇。

中国古代潮论在不少方面达到较高水平，并在很长时期在世界领先。

（一）早期潮论（先秦）

《周易》是中华文化元典，分经、传两部分，提出了阴阳学说。八卦中，乾、坤两卦是最重要的，乾是阳性的象征，坤是阴性的象征，宇宙中各种事物都具有阴、阳两种性质，乾、坤两种对立的性能就是宇宙万物形成和变化的根源。《周易》中的坎卦有"习坎有孚"这段经文。其象曰："习坎，重险也。水流而不盈，行险而不失其信。"[①]《周易》还进一步解释："坎为水……为月……"[②]而《易纬乾坤凿度》等书明确指出潮汐往来，行险而不失其信。根据这类记载，中国古潮汐史料整理研究组认为，可以把"习坎有孚"这段经文翻译成"坎是象征水这一种物质的。水，经常地连续不断地穿过险阻，按时往来，永远遵守着一定的

---

① 《周易正义·坎》.

② 《周易正义·说卦》.

时刻，没有差错过"。"实际上，这里所描述的便是潮汐现象"①。

中国古代有机论自然观占统治地位，认为天、地、人等自然界万物有着复杂的内在联系，每一个现象都是按照等级秩序而与每一种别的现象联系着的。"中国古时的观测家们，从来没有想到月亮不能对地上的事物起作用——把月亮和大地截然分隔开来的想法是和中国人的整个自然主义有机论的世界观相违背的"②。中国古代很早用朔望月，中国广大海区是典型半日潮区，这也使潮汐与月亮的关系显得更清楚。战国末期的《黄帝内经》已经清楚地提到这种关系，指出："月满则海水西盛"，"月郭空则海水东盛"③。

（二）元气自然论潮论的建立（秦汉、三国）

西汉枚乘《七发》用"望"这个形容月相的字来说明潮汐与月亮之间的某种关系。

潮汐成因实际包括两个基本因素：引潮力和地球自转。对这两个因素分别进行的科学研究在中国古代就形成两大潮论：元气自然论潮论和天地结构论潮论。元气自然论潮论提出较早，而王充是元气自然论潮论的正式提出者。

王充，东汉时哲学家，会稽上虞人，著有《论衡》。王充是元气自然论者，认为万物是由于客观存在的"气"的运动而产生的。各种自然现象均是"气"变化的结果，有着客观自然规律。他认为水者地之血脉，随气进退形成潮汐。《论衡·书虚篇》曰："夫天地之有百川也，犹人之有血脉也，血脉流行，泛扬动静，自有节度。百川亦然，其潮汐往来，犹人之呼吸气出入也。天地之性，上古有之，经曰：'江、汉朝宗于海'，唐虞

---

① 中国古潮汐史料整理研究组.《中国古代潮汐论著选译》. 第5页. 北京：科学出版社. 1980年.
② 李约瑟.《中国科学技术史》. 第4卷. 第287页. 北京：科学出版社. 1975年.
③《黄帝内经·灵枢·岁露》.

之前也。"接着王充根据同气相求原理，发展了《周易》中的月和水同属阴的思想，又提出"涛之起也，随月盛衰"的科学结论，第一次明确把潮汐成因和月球运动密切联系起来，自此形成的传统潮论，可称之为元气自然论潮论。此传统潮论发展形成主流，各家可能有出入，但均是从海水与月亮相互关系去探索的，并用同气相求原理来解释。东汉时"子胥恚恨，驱水为涛"的迷信潮汐成因说仍在民间流行，为此，王充在《论衡•书虚篇》中用较多篇幅按形式逻辑方法层层剖析批驳。李约瑟对王充的这段批驳评价很高，所以在其《中国科学技术史》中尽管写潮汐篇幅并不大，但却用相当篇幅对王充的驳论进行介绍，并有很高的评价："这样，王充在根据潮汐与月亮的关系，对世代相传的冤魂为厉说给以致命的一击之前，已围绕着它从不同的角度伺隙予以打击了。"[1]

三国时吴国严畯曾写过《潮水论》。这是现所知最早的一篇潮论，可惜早已散佚，仅在《三国志•严畯传》中保留有一个篇名。

（三）天地构造论潮论的建立（晋代）

晋代杨泉阐述了王充的潮汐理论。杨泉为西晋初的哲学家，著有《物理论》。《物理论》提出："月，水之精。潮有大小，月有盈亏。"杨泉的潮论文字留下不多，但观点是清楚的。

天地结构论潮论建立较元气自然论潮论要晚，是由东晋葛洪建立的。

葛洪为东晋道士、名医，字稚川，又名抱朴子，著有《抱朴子》等书。《抱朴子•外佚文》说："月之精生水，是以月盛满，而潮涛大。""月之精生水"，显然是传统的元气自然论潮论。但是葛洪又是新潮论——天地结构论潮论——的创始者。浑天说代表作《张衡浑仪注》中说："混天如鸡子。天体圆如弹丸，地如鸡中黄，孤居于内，天大而地小。天表里有水，天之包地，犹壳之裹黄。天地各乘气而立，载水而

---

① 李约瑟.《中国科学技术史》.第4卷.第772页.北京：科学出版社.1975年.

浮。"①既然大地浮于水，天又包着它们，因此建立在浑天说上的潮汐论，在解释潮汐的周期性时，自然容易认为涌上大地的潮水是某种外力冲击海水而引起的。《抱朴子•外佚文》说："天河从西北极，分为两头，至于南极……河者天之水也。两河随天而转入地下过，而与下水相得，又与（海）水合，三水相荡，而天转排之，故激涌而成潮水。"不管葛洪的天河水、地下水和海水三水激荡说是否正确，这种用天地结构的模式来解释潮汐成因的理论，是一种与传统潮论不同的新潮论，可称之为天地结构论潮论。

葛洪又用一年中太阳位置的不同，并结合阴、阳两气的消长来论及潮汐的四季变化，从而引进了太阳的潮汐作用。《抱朴子•外佚文》说："夏时日居南宿，阴消阳盛，而天高一万五千里，故夏潮大也。冬时日居北宿，阴盛阳消，而天卑一万五千里，故冬潮小也。春日居东宿，天高一万五千里，故春潮再起也。秋日居西宿，天卑一万五千里，故秋潮渐减也。"中国古代的传统地球观是地平大地观②，因此古代天文学所用的日高概念和计算一直是错误的，并且葛洪对四季的成因也还不了解，但他引进太阳的起潮作用，毕竟是古代潮汐理论上的一大进步。

（四）潮论的鼎盛时期（唐宋）

在唐代，潮月同步已为社会常识。例如，被闻一多先生誉为"诗中的诗，顶峰上的顶峰"的唐代诗人张若虚的《春江花月夜》，一千多年来使无数读者为之倾倒。诗一开篇便就题生发，勾勒出一幅江潮连海，月共潮生的春江月夜的壮丽画面："春江潮水连海平，海上明月共潮生。"

唐、宋是中国古代潮汐学的鼎盛时期，也是潮论发展的鼎盛时期。唐开元十二年（724）一行（673～727）进行大地测量后，"浑天说完全

---

① 《开元占经•天体浑宗》.
② 宋正海．《中国传统地球观是地平大地观》．载《自然科学史研究》．1986年第1期.

取代了盖天说，一直到哥白尼学说传入我国以前，成了我国关于宇宙结构的权威学说"[1]。因此，以浑天宇宙论为基础的天地结构论潮论在唐宋迅速崛起，与元气自然论潮论开始了持续的激烈争论。

唐代窦叔蒙，浙东人，大历年间处士，著有《海涛志》[2]（亦名《海峤志》），约成文于770年[3]，是现存最早的中国潮汐学专论，但已达到相当水平。

窦叔蒙继承发扬了王充的潮月同步原理，指出："潮汐作涛，必符于月"，"月与海相推，海与月相期"，二者关系"若烟自火，若影附形"。因此，潮汐盛衰有一定客观规律，既"不可强而致也"，也"不可抑而已也"。他概括了一朔望月中潮月同步情况，"盈于朔望，消于朏魄，虚于上下弦，息于眺朒，轮回辐次"。在同步原理基础上，他直接用天文历算方法精确计算了潮时，绘制了《窦叔蒙涛时图》。

窦叔蒙阐述了一回归年内，阴历二月、八月出现大潮问题。《海涛志》记载："二月之朔，日、月合辰于降娄，日差月移，故后三日而月次大梁。二月之望，日在降娄，月次寿星，日差月移，故旬有八日而月临析木矣。八月之朔，日月合辰于寿星，日差月移，故后三日而月临析木之津。八月之望，月次降娄，日在寿星，日差月移，故旬有八日而月临大梁矣。"中国古代为了量度日月和五星的位置，把黄道带分成12个部分，叫十二次[4]。十二次自西至东为：星纪、玄枵、娵訾、降娄、大梁、实沈、鹑首、鹑火、鹑尾、寿星、大火、析木。十二次与黄道十二

① 中国天文学史整理研究小组．《中国天文学史》．第164页．北京：科学出版社1981年．
② 《海涛志》全文保存于清俞思谦《海潮辑说》中，《全唐文》卷四百四十保留有《海涛志》第一章。
③ 李约瑟认为《海涛志》成文于公元770年（《中国科学技术史》．第4卷．第775页）。
④ 陈遵妫认为，十二次原是"为了确认岁星（木星）12年周天运行的目的而制定"。"但古人则用以观测日月五星的运行和节气的早晚"。十二次"最初是沿着赤道把周天十二等分，到了唐代才沿着黄道划分"（陈遵妫．《中国天文学史》．第2册．第410、416页．上海人民出版社．1982年）。

宫、十二辰位、二十四节气对应，可画成"辰位—次—宫—节气对应图"。（见图2-1）根据此图，可以清楚理解《海涛志》所阐述的阴历二月、八月出现大潮问题。二月初一，日月合朔于降娄A点。三日后，日移至降娄B点，月已移至大梁E点，此时出现大潮。二月十五日，日在降娄C点，月已在寿星I点。二月十八日，日在降娄D点，月到大火L点，此时出现大潮。八月初一，日、月合朔于寿星G点。同样道理，三日后，日在寿

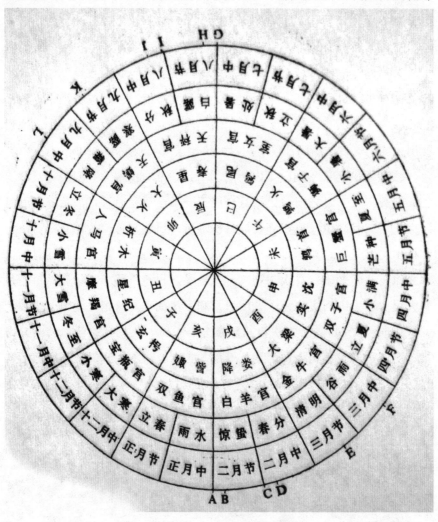

图2-1 辰位—次—宫—节气对应图

星H点，月在大火K点，此时出现大潮。八月十八日，日在寿星J点，月在大梁F点，此时出现大潮。由上可知，二月、八月的大潮，以日月合朔在降娄或寿星为前提。而"降娄的中央（C点）相当于春分点"①，"寿星的中央（I点）相当于秋分点"，所以窦叔蒙实际上阐述了分点潮。

窦叔蒙对正规半日潮的变化情况进行研究，发现潮汐变化的三种周期：一日内有两次高潮、两次低潮（"一晦一明，再潮再汐"）；一朔望月内，有两次大潮、两次小潮（"一朔一望，载盈载虚"）；一回归年内有两次大潮期、两次小潮期（"一春一秋，再涨再缩"）。

直到窦叔蒙时代的整个古代世界中，关于潮汐和月亮关系的认识也得到发展。一般地讲，靠海的人们容易发现潮汐与月亮有关。地中海的潮汐现象不明显，更没有钱塘江那样壮观的怒潮，因而古希腊学者并未对潮汐现象进行广泛深入的研究，但不能说古希腊学者不晓得它。与窦叔蒙同时代或以前的古代西方在潮汐学上也是有成就的。公元前4世纪，古希腊航海家、天文学家毕特阿斯（Pytheas of Massallia）约于公元前320年出直布罗陀海峡航行于北大西洋一年，他是第一个提出"潮水涨退是由月亮引起"的希腊人②。约公元前200年古希腊的安提果努斯（Antigonus）提出潮汐主要受月亮影响。古希腊哲学家、史学家和天文学家波塞多尼斯（Posidonius）在西班牙大西洋海岸观察潮汐，发现潮汐与日月有关③，即圆月时为大潮，涨潮、落潮幅度最大。反之，上弦、下弦时，幅度最小④。公元1世纪罗马的普利尼(Pliny the Elder)提到高潮间隙现象。在古希腊文明以外地区，也有着潮汐学成就。公元前2世纪时巴比伦天文学家赛硫古斯（Seleucus）也已把潮汐运行和月亮运动联系起来了⑤。8世纪早期英国比德（Bede of Jarrow）提出了"港口平均

---

① 陈遵妫.《中国天文学史》. 第2册. 第410页.
② 马卡.《早期的探险家》. 载《世界探险史》. 第5册. 第94页. 台湾自然科学文化事业股份有限公司. 1980年.
③ 胡明复.《潮汐》. 载《科学》. 第2卷. 1916年第2期.
④ （日）宇田道隆.《海洋科学史》. 第239页. 北京：海洋出版社. 1984年.
⑤ 李约瑟.《中国科学技术史》. 第4卷. 第784页.

朔望月高潮间隙"（establishment of a port）[①]。由此可见，窦叔蒙
在世界潮汐学上能处于遥遥领先地位，主要是他有条件用当时先进的中
国古代天文历算方法来计算潮汐变化。

唐代封演《说潮》对潮汐成因有较好的阐述。《说潮》说："月，
阴精也。水，阴气也。潜相感致，体于盈缩也。"[②]这里的月和海水潜相
感致，似有万有引力的原始概念。

卢肇为晚唐时人，著有《文标集》，其中有《海潮赋》。卢肇是
葛洪之后一个突出的天地构造论潮论者。《海潮赋》说："肇始窥《尧
典》……乃知圣人之心，盖行乎浑天矣。浑天之法著，阴阳之运不差；
阴阳之运不差，万物之理皆得；万物之理皆得，其海潮之出入，欲不
尽著，将安适乎！"于是他提出他的天地结构论潮论。《海潮赋》说："地浮于水，天在水外，天道（左）转"，"日傅于天，天左旋入海，而日随之"。"日出，则早潮激于右"，"日入，则晚潮激于左"。根据这些记载，可以画出"卢肇日激水成潮示意图"。（见图2-2）为了论证大地是可以

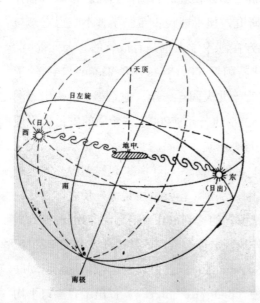

图2-2　卢肇日激水成潮示意图

① M. B. Deacon, Oceanography, Concents and History, Dowden, Hutchinson and Ross, Inc. p.129.
（英）W.C.丹皮尔.《科学史及其与哲学和宗教的关系》. 第121页. 北京：商务印书馆. 1975年.
② 封演.《说潮》. 载《全唐文》卷四百四十.

浮在海上的，《海潮赋》又提出"载物者以积卤负其大……华夷虽广，卤承之而不知其然也"的理论。

卢肇力图从浑天说来解释潮汐成因，进而提出了太阳的引潮作用，这在潮汐学视野上是个大的进步。

卢肇在《海潮赋》中提出了潮汐的14个问题，并且自己做了回答。这些问题及其回答反映了唐代潮汐学发展水平。这些问题对后世潮汐学理论研究是有促进作用的。

五代邱光庭著有《海潮论》[①]。他也是天地结构论潮论者，但与卢肇的日激水成潮论又有不同。他认为潮汐成因不在于日，而在于地。浮于海中的大地，由于内部"气"的出入而上下运动，潮汐则是伴随着大地上下而形成的海水相对运动。《海潮论》认为，《易经》《尚书》"具不言水能盈缩，则知海之潮汐不由于水，盖由于地也。地之所处，于大海之中，随气出入而上下。气出则地下，气入则地上。地下则沧海之水入于江河，地上则江河之水归于沧海。入于江湖谓之潮，归于沧海谓之汐。此潮之大略也"。邱光庭在自己的潮论中作为推论基础的浑天说也比卢肇用的浑天说有所改进。《海潮论》认为，"气之外有天，天周于气，气周于水，水周于地，天地相将，形如鸡卵"，"周天之气皆刚，非独地上之气也。夫日月星辰，无物维持而不落者，乘刚气故也……日月星辰虽从海下而回，莫与水相涉，以斯知海下有气必矣"。邱光庭在潮论中导入的"气"的概念是不明确的，实际上也是错误的。但葛洪、卢肇、邱光庭所代表的用天地结构关系来探索潮汐成因的方向是正确的。

北宋张君房是元气自然论潮论者。他在《潮说》中指出："合朔则敌体，敌体则气交，气交则阳生，阳生则阴盛，阴盛则朔日之潮大也……相望则光偶，光偶则致感，致感则阴融，阴融则海溢。"张君

---

① 邱光庭. 《海潮论》. 载《海潮辑说》卷上（《丛书集成初编》. 1334页）.

房仍用阴阳学说，并用"气交"和"致感"学说来解释日月"敌体"（朔）和"光偶"（望）两个位置时潮汐最大，并进而解释一个朔望月中何以产生两次大潮。

北宋燕肃在潮汐理论上也有贡献。他在《海潮论》中，不仅没有公开否定卢肇的日激水成潮理论，而且还提出了"日者众阳之母，阴生于阳，故潮附之于日也"的说法，提出了"月者，太阴之精，水乃精类，故潮依之于月也"的结论，并且提出潮汐"盈于朔望"，再一次强调潮月的对应关系。

北宋余靖在《海潮图序》中说："予尝东至海门，南至武山，旦夕候潮之进退，弦望视潮之消息。"提出潮汐与月亮运动的关系。又说："月临卯酉，则水涨乎东西；月临子午，则潮平乎南北。彼竭此盈，往来不绝。"根据这些记载，可以画出"余靖潮汐成因示意图"。（见图2-3）有学者认为，余靖这个潮汐涨水方位不断旋转变动的描述，"实际上就是近代的潮汐椭球"。[1]

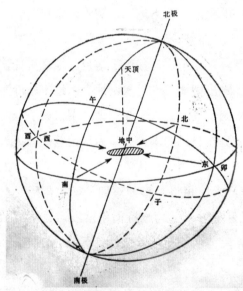

图2-3 余靖潮汐成因示意图

北宋哲学家邵雍也主张元气自然论潮论，著有《皇极经世书》等书。邵雍认为潮汐形成是地之呼吸。《皇极经世书》中说："海潮者，地之喘息也。所以应月者，从其类也。……海潮，气之行地，出入于水

---

① 《中国古代潮汐论著选译》前言. 北京：科学出版社. 1980年.

土，与人喘息同，即谓地之喘息可也。所以应月之晦、朔、弦、望而消长，则以地之太柔，从天之太阴类也。是故月丽卯酉，潮应东西，月丽子午，潮应南北。天地一气，观潮见类矣。"

北宋张载是天地结构论潮论者，并且与邱光庭理论较一致，其著作后人编为《张子全书》。张载是理学创始人之一，但与"理"为万物本源相反，而特别强调"气"。《张子全书·正蒙·参两篇》说："地有升降……地虽凝聚不散之物，然一气升降其间，相从而不已也。……一昼夜之盈虚升降，则以海水潮汐验之为信。然间有大小之差，则系日月朔望，其精相感。"

北宋沈括在潮论上也有贡献。他应用潮月同步，"候之万万无差"的道理来强调月亮是潮汐形成的主要原因。

北宋末徐兢的潮论也是天地结构论潮论。宣和五年，他随使高丽，归来后著《宣和奉使高丽图经》40卷。《宣和奉使高丽图经·海道占》中说："古人尝论之……窦叔蒙《海峤志》以谓水随月之盈亏；卢肇《海潮赋》以谓日出入于海，冲击而成；王充《论衡》以水者地之血脉，随气之进退。率皆臆说，持偏见，评料近似而未之尽。大抵天包水，水承地，而一元之气，升降于太空之中，地承水力以自持，且与元气升降互为抑扬……方其气升而地沉，则海水溢上而为潮，及其气降而地浮，则海水缩下而为汐。"由此可见，徐兢的潮论是继承了邱光庭、张载的潮论，而不同于卢肇的潮论，更不是元气自然论潮论。但是这种潮论不仅用浑天说的天地结构模式，而且也试图用元气来解释潮汐运动的力源。

南宋朱中有的潮论又回到传统的元气自然论潮论的立场，著有《潮赜》。他在批判天地构造论潮论基础上，又强调了元气自然论潮论。他认为："欲知潮之为物，必先识天地之间有元气、有阴阳。元气有太极也，氤氲二间，希微而不可见。阴与阳，则生乎元气者也。……夫水，天地之血也。元气有升降。气之升降，血亦随之，故一日之间潮汛再至，一月之间为大汛者亦再，一岁之间为大汛者二十四。元气一岁间升降为节气者亦二十四，潮二十四汛随之，此不易之理也。"

　　唐、宋是我国古代潮汐学发展的鼎盛时期，在当时世界上也是领先的。这一时期的特点是：（1）出现不少潮汐学家。潮汐学专论数量猛增，水平既高于唐以前，也高于宋以后。（2）天地结构论潮论崛起，从而与传统的元气自然论潮论进行了激烈的学术争论。（3）两大潮汐学派本身也迅速发展，各自在内部发展起学派，于是出现了学派之间的争论。在这些学派争论的同时，彼此也有所取长补短。（4）神秘主义潮论始终处于微不足道的地位。

（五）潮论的停滞时期（明清）

　　唐、宋以后，中国古代潮汐成因理论进入停滞时期。两大潮论中，不管是元气自然论潮论中的月亮对海水的引潮作用，还是天地结构论潮论中的以天地结构模型来探讨潮汐成因的方法，均与近代潮汐成因理论有某种相似之处。但是，由于时代的局限性，近代潮汐成因理论没有在中国产生。相反，由于三水相荡成潮、日激水成潮等的明显错误，反而使先进的天地结构论潮论处于被动局面。中国传统哲学思想中的元气学说和阴阳理论，有着巨大的内涵性和模糊性。它被中国古代潮论研究者奉若经典，被不求甚解地长期广泛使用着，这不利于科学探索精神的发展。先进的月亮对海水引潮力的思想长期停留在思辨的同气相求阶段，越来越无所作为。

　　元代宣昭的《浙江潮候图说》谈到潮汐成因，但没有自己的见解，因此介绍历代一些主要潮论，没有评价，甚至没有明显的倾向。《浙江潮候图说》说："原其消长之故者，曰天河激涌，曰地机翕张。揆其晨夕之候者，曰依阴而附阳，曰随日而应月。地志涛经言殊旨异，胡可得而一哉。盖圆则（指天）之运，大气举之，方仪（指地）之静，大水承之。气有升降，地有浮沉，而潮汐生焉。"[1]

---

[1] 宣昭．《浙江潮候图说》．载《中国古代潮汐论著选译》．北京：科学出版社．1980年.

34

　　元末明初史伯璇是元气自然论者。他的潮论收入《管窥外编》卷上。他是元气自然论潮论者，主张同气相交说。他认为，"潮为阴物，乃阴气之成形者；月为阴精，乃阴气之成象者。同一阴类，固宜有相应之理矣。"但不同意简单的气有升降，海有溢缩，因为大海中，潮汐是表现为潮流的。"今则东南二海之候皆不同时，是则潮之流来流去，之非海之溢上缩下也"。"博询海上之行舟者，皆以为惟近海有垠岸处可以测潮之长落耳。巨海之中，茫茫无畔岸，欲知潮之长落，不过以北水南候之而已。是故北水南来则为长，南水北来则为落，是则潮之长，必自北而南也，然后知东南二海之潮候有不同者，以此为已"。显然解释潮汐成因，实际上是解释潮流的成因。这说明当时对潮汐与潮流的密切关系，海水垂直运动与水平运动的密切关系，不仅在水手中而且在学者中已清楚了。

　　明代王佐的《潮候论》是介绍南海潮候的著作。其中也谈到潮汐成因理论，但也只是介绍各家的理论而已。《潮候论》说："尝观先代之论潮候，见称于今者四家：卢歙州、《临安志》二说故置之。惟余襄公谓水往从月之说，沈存中以为然，而朱子取焉。至若谓天一生水，水自北方坎位而来，而引证于《河图》、《周易》，此则泥于襄公东、南二海潮候不同时之说，则未尽也。何则？夫地乃天生之，大气举之，气至则一举俱至，其来岂有方所。《易》曰：'山泽通气'。《礼记》曰：'地秉阴，窍于山川'。曰通，曰窍，则是气之来，其进出也，也有通塞不齐之处，此或因地势使然。"①在这里，王佐对史伯璇的潮论有不同意见，并且谈了自己的观点。他实际上把天文潮和明显受地理因素制约的涌潮彼此混淆起来了。

　　明代陈天资在《潮汐考》中，介绍古代各种潮论后指出："凡此数说，其指不同，然远者无征，近者谬陋。"这似乎很有见地，但他自己

---

① 王佐．《潮候论》．载《中国古代潮汐论著选译》．北京：科学出版社．1980年。

并没有提出新理论，因此接着说，"惟邵子之言最约而中"。[①]邵子即北宋邵雍，他的潮论并不高明，而且是错误的。

明代以后，近代潮汐学开始在西欧崛起，从而也开始超越走向停滞的中国潮汐学。近代潮汐学的崛起开始于17世纪。首先，德国天文学家开普勒（J.Kepler）继承和发扬了古希腊学者有关月亮影响潮汐的理论。但后来意大利物理学家伽利略（Galileo Galilei）驳斥开普勒的潮论，认为月亮影响潮汐说只是一种占星术。他认为地球的公转和自转这两种运动的不同组合及其对海水作用是海洋潮汐形成原因。后来法国哲学家、数学家笛卡儿（R.Descartes）则用月亮通过以太传递压力到海面，来解释潮汐成因。伽利略的理论1666年被英国数学家瓦里斯（J.Wallis）所发展。他引入第三种运动（即月亮和地球绕着公共质心旋转）到潮汐成因理论中，并且预测了潮汐的运动状况。为了验证瓦里斯的理论，这年英国皇家学会组织在全国海岸进行广泛的潮汐观测。为此，莫里（R.Moray）发表《关于潮汐的思考和调查》一文，指导这次全国性的潮汐观测，提出建立测潮站，站内配备自动验潮仪、摆动时钟、风向计、流速计、风力计、气压计、温度计等，并建议利用验潮井，于是开始了近代潮汐研究的仪器观测时代。1687年牛顿发表《自然哲学的数学原理》一书，建立了近代力学体系。书中用万有引力定律阐述了潮汐的成因，计算了引潮力，建立了近代潮汐学理论体系。然而，牛顿潮论并没有能立即取代笛卡儿的潮论。为此，牛顿的朋友、物理学家哈雷（E.Halley），在1697年为牛顿《原理》写了篇摘要和介绍——《真实的潮汐理论》。但最早承认牛顿成果的不在英国，而在欧洲大陆。1738年法国巴黎科学院决定重金征集潮汐理论的论文。得奖的有4人：瑞士数学家伯努利（D.Bernoulli）、德国数学家尤勒（L.Euler）、苏格兰数学家麦克洛林（C.Maclaurin）和卡瓦

---

① 陈天资．《潮汐考》．载《中国古代潮汐论著选译》．北京：科学出版社．1980年．

勒利（A.Cavalieri）。在19世纪，西方潮汐理论又有巨大发展。法国数学家、天文学家、物理学家拉普拉斯（P.S.Laplace）首先把流体动力学理论用到潮汐研究上。他开创的工作后来被英国的数学物理学家卢伯克（J.W.Lubbock）和物理学家、哲学家休厄尔（W.Whewell）、天文学家艾里（G.B.Airy）等人发扬光大。近代潮汐学的发展是曲折的，更是迅速的。它一开始就建立在托勒玫（Ptolemaeus，约90～168）地圆说和哥白尼（N.Copernicus）的日心地动说的正确的天地结构模型基础上，之后，进一步建立在万有引力定律和天体力学的基础上。再之后，又建立在流体动力学基础上。在验潮中广泛采用了科学观测仪器，不仅收集到大量潮时数据，而且有着大量潮高数据，从而使潮汐学建立在精确的数学基础上。在近代潮汐学的产生和发展中，不仅有天文学家、物理学家参加，而且有不少数学家参与。

西方近代潮汐学的崛起是与社会的迫切要求分不开的。15、16世纪的地理大发现之后，封建主义出现世界性崩溃，资本主义得到世界性胜利，远洋航行飞速发展起来。航海不仅迫切需要了解经度，而且促进了格林尼治天文台的建立，也极大地推动了潮汐学的发展。潮汐学得到政府部门和权威性学术团体的大力支持[1]，并有一大批杰出的基础学科科学家参加。所有上述的优越的社会条件、科学的理论和方法、精确的数据、杰出的数理人才等基础，在明、清时代的中国潮汐学界是没有的。明中叶发展起来的中国资本主义萌芽，在明末以后受到严重摧残。明初，名震中外的郑和航海没有让中国人完成地理大发现。近代潮汐学和整个近代科学没有在中国产生。中国传统潮汐学在唐宋以后仍占据统治地位，然而到了明代已是强弩之末，到了清代就更不景气。与西方建立

---

[1] 这样的事例是很多的。1666年为了验证瓦里斯的潮论，英国皇家学会竟出面组织全国志愿观察者在全国海岸进行潮汐观测。志愿观察者之一温思罗普（J.Winthrop）还是个地方官。1687年牛顿《原理》发表后，牛顿的朋友为了宣传牛顿潮汐理论，不仅写了篇介绍文章，而且把这篇文章送给国王詹姆斯二世（James Ⅱ），寻求社会的最有力支持。1738年法国巴黎科学院重金征求潮汐理论论文。

在近代数理基础上的近代潮汐理论成为鲜明的对照，清代潮汐理论仍建立在越来越没有科学探索精神的自然哲学基础上。

清初周亮工是瓦里斯、莫里的同代人，但他的潮论仍是古老的元气自然论潮论。周亮工潮论收集于《书影》中。他的潮论引进了五行说。《书影》卷九说："窦叔蒙《海峤志》以为水随月之盈亏。王充《论衡》以为水者地之血脉，随气进退。二说精而未备。愚闻之人曰：五行之性，土刚而水柔，刚静而柔动；土若鼻，水若涕，水于海升降，犹涕于鼻出入，非气机之推荡，固不能升降而出入也。"仍是无力的。

清代屈大均是牛顿同时代人，但他的潮论仍是元气自然论潮论。他著有《广东新语》等书。他的潮论收集于《广东新语》中。《广东新语》卷一说："月者水之精，潮者月之气，精之所至，气亦至焉。此则水之常节也。盖水与月同一坎体，故以月为节者，在在有常；而以日为节者，在在有变也。"屈大均对古代多种潮论进行了介绍，有的表示了自己的倾向，但并未进行具体说明。

清代周春的《海潮说》主要是论述钱塘江涌潮，因此对于天文潮成因的理论并没有进行探讨，对于古代数十家潮论的差异和斗争并不关心，所以只能笼统地赞扬。《海潮说》卷上说："古今言潮者无虑数十家，其论往来大小之理，精且详矣。第念我辈生长海滨，必当按切形势，求与古人相证合。"[①]清代李调元的潮汐论述收入他的《南越笔记》中。有关潮汐成因理论只有一句话，《南越笔记》卷三说："潮为天地呼吸之气所运，而适与月相应。"可见，他也是个元气自然论潮论者。

清代周煌是元气自然论潮论者。他于乾隆二十一年（1756）以册封琉球国的副使去琉球，归来写有《琉球国志略》。在此书中，周煌介绍了包括海鳅出入穴、神龙变化等原始潮论在内的历代主要潮论，但并没有进行具体评论。《琉球国志略》卷五说："综是数说，应月之论为

---

① 周春．《海潮说》．《丛书集成初编》．1334页．

最。与邵康节《皇极经世书》所云'海潮者，月之喘息'相吻合。臣窃睹阴（燧）水精，皆可映月而取明水，于八月之望夜尤速且多，可验应月说，为不诬矣。"[1]

在李调元和周煌时代，牛顿的潮汐理论已经在欧洲大陆得到发展，甚至拉普拉斯即将用流体动力学来解释潮汐成因。而李调元和周煌只是简单地重复古老的元气论和阴阳理论，可见此时中西潮汐理论水平已经拉开很大距离。

清代魏源开始把近代西方潮论介绍到中国。魏源，清末思想家、史学家。他著作很多，最著名的是《海国图志》和《圣武记》。《海国图志》是据《四洲志》一书及其他译文编译而成，1842年完成，1844年出版，1847年又增修。《海国图志》不仅是我国历史上较早并系统地介绍世界历史、地理知识的名著，而且"师夷之长技以制夷"和变法图强的思想，对后来的资产阶级维新运动，乃至邻国（如日本）也产生了巨大影响。魏源在《海国图志•潮论》中介绍了近代潮汐学理论，指出日月众星，皆有吸水之力，视远近为微甚，而月尤近于地，所以月亮是引起海潮的主要因素。于是他进一步阐述了地球、月球和太阳三者相对位置的变化，使引潮力发生变化，因而形成每月两次大小潮的变化。

清代海宁人俞思谦是潮汐学家和潮汐学史家。乾隆四十六年（1781）他收集了历代有名的潮汐理论，辑成了《海潮辑说》一书，对各家潮论还有所评述，这是中国古代的一本潮汐学史著作。古代一些潮论因此书而被保存下来。此书对于后人系统了解中国古代潮汐学发展源流无疑是重要的。同年，翟均廉的《海塘录》，也较系统地收集了历代潮论。

---

[1] 《琉球国志略》. 载《中国古代潮汐论著选译》. 第236页. 北京：科学出版社. 1980年.

二、两大潮论的并存与争鸣

王充根据同气相求原理，在《论衡•书虚篇》中提出"涛之起也，随月盛衰"的科学结论，创立了元气自然论潮论。王充之后，西晋杨泉《物理论》、唐代窦叔蒙《海涛志》继承元气自然论潮论。此潮论在漫长的中国古代潮论发展中占据主流地位，尽管各家可能有出入。

东晋葛洪《抱朴子•外佚文》说"月之精生水，是以月盛满，而潮涛大"，显然也是传统的元气自然论潮论。葛洪又开创以浑天宇宙论为基础的天地结构解释潮汐成因，因此他主要是新潮论——天地结构论潮论的创始者。但东晋直到唐以前，未见新旧两派潮论有争论。

由于一行大地测量后，浑天论在宇宙论中占据统治地位，所以天地结构论潮论在唐宋迅速崛起，于是与元气自然论潮论开始持续的激烈争论。在长期争论中，两学派均有所发展。

晚唐时卢肇写《海潮赋》，摈弃传统的元气自然论潮论，力图从浑天说来解释潮汐成因，并且提出了太阳的引潮作用。他反对同气相求理论，指出"月之以海同物也。物之同，能相激乎"。卢肇是葛洪之后一个突出的天地构造论潮论者。《海潮赋》说"日傅于天，天左旋入海，而日随之"，"日出，则早潮激于右"，"日入，则晚潮激于左"。卢肇认为"日激水而潮生，月离日而潮大"，因而得出一些明显错误的认识。初一明明是大潮，他竟说"日月合朔之际，则潮殆微绝"。他的这种脱离验潮实践而主观推想的日激水成潮结论是荒唐的，因而受到后世主张元气自然论潮论的潮汐学家的批评，特别是受到重视实际潮候调查的宋代潮汐学家燕肃、余靖、沈括、朱中有、史伯璇等人的尖锐批评。

北宋燕肃是特别注意验潮的科学家。他在《海潮论》中，强调潮汐变化和月亮在时间上的对应关系，应用同气相求原理，提出了"月者，太阴之精，水乃阴类，故潮依之于月也"的结论，并强调潮汐"盈于朔望"，这实际上驳斥了卢肇的日激水成潮理论和"日月合朔之际，则潮殆微绝"的错误结论。

北宋余靖也注重实际验潮，因而用实际潮时来反驳卢肇理论。他在《海潮图序》中说："予尝东至海门，南至武山，旦夕候潮之进退，弦望视潮之消息。乃知卢氏之说出于胸臆，所谓盖有不知而作者也。""肇又谓：'月去日远，其潮乃大。合朔之际，潮殆微绝'。此固不知潮之准也。"他又指出："自朔至望常缓一夜潮；自望至晦复缓一昼潮。若因日之入海激而为潮，则何故缓不及期，常有三刻有奇乎？"

北宋沈括也重视验潮，他应用潮汐与月亮在时刻上对应"候之万万无差"的道理来强调月亮是潮汐形成的主要原因，并尖锐地批驳了卢肇的错误理论。《梦溪笔谈·补笔谈》卷二："卢肇论海潮，以得日出没激而成，此极无理。若因日出没，当每日有常，安得复有早晚？"

北宋徐兢是天地结构论潮论者。他的潮论是集成了邱光庭、张载的潮论，主张大地上下浮动成潮，不同于卢肇的潮论，更不是元气自然论潮论。但是这种潮论不仅用浑天说的天地结构模式，而且也试图用元气来解释潮汐运动的力源，所以没有受到元气自然论潮论学派的激烈批评，而且一度得到发展。

南宋朱中有的潮论又回到传统的元气自然论潮论的立场。他重视潮候调查，了解一朔望月潮汐大小变化的周期，故在《潮碛》中激烈批评卢肇的初一小潮说法，指出："肇未尝识潮。晦前二日，潮已七八分矣，或晦日已及十分，朔日正属大汛，而云潮隐乎晦，合朔之际潮殆微绝，可乎？肇……不知朔与望均大至也。"朱中有又批评卢肇日激水成潮说。因为如日激水成潮说成立，则中午不可能有潮，但这与常识不符。又说"日之西没东出，悉有定时……今一日一夜凡二潮，随十二时递为进退，常差四刻。正昼当午，日固丽天未尝入海，潮之大至固未自若也。……肇之不识潮审矣"。朱中有也批评葛洪的三水相荡成潮说，他认为葛洪潮论"与卢肇之不识潮均一律耳。……所谓天河，特以形似，岂真有水。昼夜之间天未尝不转。苟如其说，激荡成潮，则是潮昼夜不息，何得一昼夜间再进再退，其说疏矣"。

元末明初的史伯璇是元气自然论潮论者。但他并不反对用浑天论来解释潮汐成因，而是在更具体的两个方面反对天地结构论潮论的日激水理论和大地沉浮成潮理论。首先，他反对卢肇的日激水理论时，除了用实际潮候外，还运用了当时已改进了的浑天论所说的天球、与海水相隔有至劲极厚之气的知识来说明太阳不可能接触海洋，因而也不可能激荡海水成潮。他在《管窥外编》卷上中说："肇谓潮生因日，朔绝望大，与潮候全不相应。肇盖北方人，但闻海之有潮，而不知潮之为候，遽欲立言，其差皆不足辩，但其言天旋入海，日之所至，水不可附，不惟不知潮，亦不知天。天所运日，所至之处，岂复有海乎！海虽极大，然又有天之大气举之……日所行之处，正在天气之中，吾意其内与海水相距不知其凡隔几万里至劲极厚之气，曾谓天有入海之理，日有激潮之势乎，若肇者，真所谓不知而言者也。余安道之言，岂为诬哉。"这里说的余安道之言即北宋余靖《海潮辑说》中对卢肇的批评。史伯璇又反对邱光庭、张载、徐兢等的地有浮沉的潮论。他说："地有沉浮说，其病最大。浮沉，则动上动下无宁静时矣。吾闻天动地静矣，未闻地亦动也。意者地本不动，持论者无以为潮汐之说，故强之使劲耳。"史伯璇不同意简单的气有升降，海有溢缩，因为大海中，潮汐是表现为潮流的。"今则东南二海之候皆不同时，是则潮之流来流去，非海之溢上缩下也"。他认为"博询海上之行舟者，皆以为惟近海有垠岸处可以测潮之长落耳"。

清代周亮工的潮论是元气自然论潮论。他对邱光庭等人天地结构论潮论中的大地浮沉成潮论提出反对。他在《书影》卷九中说："至云地乘月（水力）而自持。气升则地浮水溢，气降则地沉水缩：信如此言，浮与俱浮，沉与俱沉，如水高舟高，水下舟下；无水溢舟上复缩舟下之理，虽有其说，未足据云。"他又对卢肇的日激水成潮论提出反对。他在《书影》卷七中说："河随日激，未敢以为信然；且如元兵驻江沙，而潮三日不至，岂此之日不随天，日不激水耶？"这种批评说明周亮工潮论还有一定生气和创造性，但这种批评只是采用王充批判子胥潮说法时采用的类比法和形式逻辑方法，并非从物理机制上进行探讨，所以仍是无力的。

清代周煌是元气自然论潮论者，写有《琉球国志略》。在此书中，周煌提到了历代主要潮论。其在《琉球国志略》卷五中说："综是数说，应月之论为最。……可验应月之说，为不诬矣。"这表明他坚持认为应月的元气自然论潮论"不诬"，是正确的。而基本认为反对应月的天地结构论潮论则是真"诬"，是错的。

清代俞思谦是潮汐学史家。乾隆四十六年（1781）他收集了历代有名的潮汐理论，辑成了《海潮辑说》一书。这是中国古代的一本潮汐学史著作，较全面反映了潮论争鸣的历程。

总结中国古代潮汐成因理论发展的漫长历史，十分明显地存在两大学派，因而也有两条平行的发展路线：一条是元气自然论潮论，是指元气的运动（翕张、相应、相求等）形成潮汐；一条是天地结构论潮论，是用浑天说天地结构模型来探讨潮汐成因。中国古代潮论发展脉络清楚，可以归纳成"中国古代潮论源流表"（见表2-1）。

有关两派潮论争鸣的出现，起自东晋葛洪《抱朴子·外佚文》创立天地结构论潮论。如假定他40岁时著书立说创立新潮论，则为公元324年。传统潮论结束是与近代潮论传入中国有关，故可定为魏源《海国图志》正式出版的1844年。这样中国古代两派潮论并存长达1520年。但两派潮论的争鸣要比并存短得多。据史料看，争鸣开始于唐代卢肇《海潮赋》提出"月之以海同物也。物之同，能相激乎"，从而否定同气相求原理，从根本上批评了元气自然论潮论。卢肇是晚唐时人，生卒年不

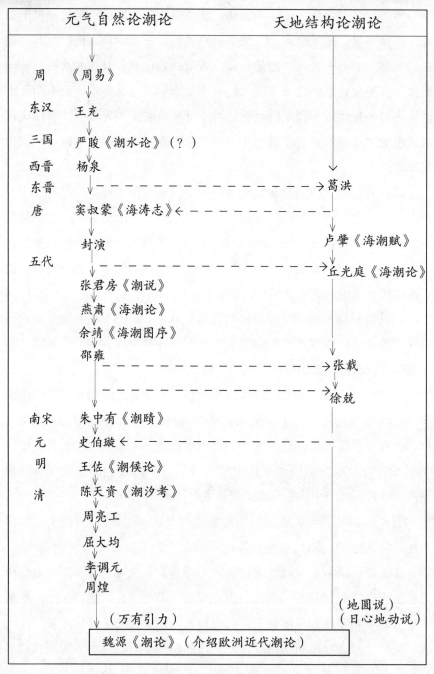

表2-1　中国古代潮论源流表

44

详，但他在会昌二年（842）为乡贡士。假定15岁当乡贡士，我们仍假定40岁著书立说，那争鸣的开始时间可以初步定为867年写《海潮赋》时。至于两派争论结束时间，据实际史料是清代周煌《琉球国志略》卷五说的"综是数说，应月之论为最。……为不诬矣"。从此引文的口气看，当时仍有不同观点的争论。周煌在乾隆二十一年（1756）以册封琉球国的副使去琉球，回国后才写《琉球国志略》，因此初步定是1757年。如是，则两派争论时间是867～1757年，共890年。其实，我们没有任何确实根据说，在周煌之后，浑天论在中国已不存在，故也不能说浑天论潮论已不存在，而只有元气自然论潮论一家了。既然两种潮论并存，那已争论近千年的争论就不可能完全消失，两者命运是一样的，均在近代潮论在中国传播后同时消失。因此争论的结束时间可基本上定为1844年。这样争鸣时间实际是867～1844年，共977年，可简称千年争鸣。

这两大学派争论的焦点或说相互批评的问题较复杂。从比较本质来看，天地结构论潮论批评元气自然论潮论集中在"同气相求"上，认为同气不能相求相吸，月亮不可能成潮。而元气自然论潮论批评天地结构论潮论，并不反对浑天论本身，也没有反对用浑天论来解释潮汐成因，而主要是批评在浑天论框架中，激荡平静的海水面形成潮汐的具体方法。首先是反对日激水成潮论，其次是反对大地浮沉成潮论，第三是反对天河、地水和海水相互激荡成潮论。

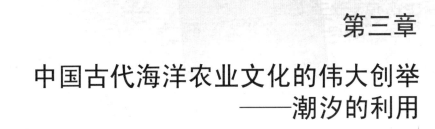

第三章

中国古代海洋农业文化的伟大创举
——潮汐的利用

潮汐与人类社会关系十分密切，这包括两大方面：潮灾和潮汐利用。中国古代在这两方面均取得巨大成就，有着广泛和深刻的认识。

一、潮灾记载与潮灾预报

潮灾是海面的异常升高现象。潮灾可以对海上船舶和沿海地区造成极大的危害。中国古代有着大量的潮灾记载，也有着一定的认识水平和较成功的综合预报方法。为了抵御潮灾，中国古代修筑起雄伟的滨海长城——海塘。

（一）潮灾危害

中国古代潮灾记录包括两种灾害：主要是风暴（特别是台风）引起的风暴潮；另一种是海底地震引起的海啸（或称津浪）。至于海底火山爆发引起的海啸在中国似乎没有。

目前所知，中国古代最早的潮灾记录是《汉书•天文志》所载的，西汉初元元年（前48）"五月，渤海水大溢……琅邪人相食"。之后，潮灾记载连续不绝。这些珍贵的历史资料目前已得到系统的整理，如1978年的《中国古代潮汐资料汇编》（潮灾）[1]；1984年的《中国历代灾害性海潮史料》[2]；1992年的《海洋大风风暴潮》《海啸》《大雨海溢》等年

---

[1] 中国古潮汐史料整理研究组. 《中国古代潮汐资料汇编》（潮灾）. 1978年. 油印稿.
[2] 陆人骥. 《中国历代灾害性海潮史料》. 北京：海洋出版社. 1984年.

表[①]；2002年的《风潮》《大水——海溢》《地震——海啸》等年表[②]。

《中国历代灾害性海潮史料》一书，收集了1911年前中国古代的213次潮灾史料。实际上古代潮灾次数要多得多。

一些潮灾，在中国古籍中又常称"海溢"。这是因为潮灾发生时，海面迅速升高，大量海水侵入陆地之故。潮灾在地方志中还有更多的名称，如海啸、风潮、海沸、海涨、海立、海决、海翻、漫天等。名称不同，但内涵大同小异。

历史上的潮灾给中国沿海地区人民带来的灾难是十分严重的，也是多方面的：

1.溺人

这是潮灾的主要危害。据粗略统计，自公元前48年至公元1948年，中国因潮灾死亡人数共达90.7万人[③]。历史上死亡万人以上的海啸时有记载。明成化八年（1472），一年中就有两次死亡达万人的潮灾。明正德《金山县志》卷一记载，该年"七月十七日……是夜潮汐正上，风东北益狂，汐益漫，忽转西南，水涌平地，浮骸万余"。清乾隆《青浦县志》卷二十九记载，该年"秋九月大风雨、海溢，漂没死者万余人"。明洪武二十三年（1390）七月的那次潮灾在不少地方的盐场均死万人以上。如清康熙《通州志·礼祥》记载，该月"海溢，坏捍海堤，溺死吕泗等场盐丁三万余口"。清嘉庆《嘉兴府志·祥异》记载，该月"海盐等地海溢，松江、海盐溺死灶丁各二万余人"。

康熙三十五年（1696）六月初一的潮灾死亡人数高达十万余人，惨

---

① 宋正海、孙关龙等主编.《中国古代重大自然灾害和异常年表总集》. 广州：广东教育出版社. 1992年.
② 宋正海、高建国、孙关龙、张秉伦主编.《中国古代自然灾异相关性年表总汇》. 合肥：安徽教育出版社. 2002年.
③ 高建国.《略论地震震级分级b值规律的普遍意义》. 载《地震地磁观测与研究》. 第3卷. 1982年第3期.

状目不忍睹，是中国历史上最严重的一次潮灾。康熙《三冈识略·续》：
"康熙三十五年六月初一日，大风暴雨如注，时方状亢旱，顷刻沟渠皆
溢，欢呼载道。二更余，忽海啸，飓风复大作，潮挟风威，声势汹涌，
冲入沿海一带地方几数百里。宝山纵亘六里，横亘十八里，水面高于城
丈许；嘉定、崇明及吴淞、川沙、柘林八、九团等处，漂没海塘千丈，
灶户一万八千户，淹死者共十万余人。黑夜惊涛猝至，居人不复相顾，
奔窜无路，至天明水退，而积尸如山，惨不忍言。"[①]《历年记·续篇》
描述："康熙三十五年六月初一日，大风潮，大雨竟日，河中皆满。宝
山至九团南北二十七里，东海岸起至高行，东西约数里，半夜时水涌丈
余，淹死万人，牛羊鸡犬倍之，房屋树木俱倒。狂风浪大，村宅林木什
物家伙，顷刻漂没。尸浮水面者、压死在土中者，不可胜数。惨极惨
极。更有水浮棺木，每日随潮而下，高昌渡口过百具，四五日而止。"[②]

　　明永乐十九年（1421）潮灾也十分严重。清嘉庆《东台县志》卷
三十八对此有详尽描绘。

2.毁房

　　古代民居抗灾能力很差，故潮灾毁房十分严重。《旧唐书·高宗》
记载，唐代上元三年（676）"青、齐等州海泛滥，又大雨，漂溺居人
五千家"。《明史·五行志》记载，明崇祯元年（1628），"七月，杭、
嘉、绍三府海啸，坏民居数万间"。清光绪《崇明县志·祲祥》记载，清
乾隆四十六年（1781），"六月十八、十九两日，风潮大作，淹死居民
一万二千人，毁坏民房一万八千一百二十二间"。

　　潮灾还毁城郭。《旧唐书·高宗》记载，唐代总章二年（669），

---

① 《三冈识略·续》. 转引自《中国历代灾害性海潮史料》. 第203页. 北京：海洋出版社.
1984年.
② 《历年记·续篇》. 转引自《中国历代灾害性海潮史料》. 第203页. 北京：海洋出版社.
1984年.

"六月戊申朔……括州大风雨，海水泛滥永嘉、安固二县城郭"。《新唐书》卷三十六记载，唐元和十一年（816），"密州大风雨，海溢，毁城郭"。不仅如此，潮灾有时还毁庙宇、倾镇海楼，乃至冲走镇海铁牛等。

3.决海塘

在重大潮灾中，海塘也常被大段大段冲毁。明天启《海盐县图经》卷八记载，明万历三年（1575）"五月三十日夜，大风驾潮来……塘则尽崩"。清乾隆《杭州府志·海塘》记载，雍正十三年（1735），"六月初二、三日，风潮大作。仁和、海宁等县石草各塘共坍一万二千二百九十丈"。

4.沉舟船

潮灾中舟船的损失往往是惨重的。清康熙《海宁县志·海塘志》记载，唐大历元年（766）溺"船千艘"。《旧唐书·五行志》记载，唐大历十年（775），杭州潮灾溺"船千余只"。《旧唐书·玄宗下》："广陵郡大风，潮水覆船数千艘。"更有沉舟船上万艘的。清乾隆《上元县志·庶征》记载，东晋元兴三年（404）潮灾，"商旅方舟万计，漂败流断"。

令人奇异的是，潮水甚至把海舟推上高坡。《草木子》卷三上记载："元至正戊子，永嘉大风。海舟吹上平陆高坡上三十二里，死者千数。"关于此史实，古书记载并不统一。如明郎瑛《七修类稿·海啸》记载，此潮灾把"海舟吹上高坡十余里"。《续文献通考》记载了另一次这样的灾害："元至正十六年，大风海溢，海舟吹上高坡二三十里，水溢数十丈，死者数千。"

5.没盐场

盐场分布于海涂附近，潮灾时首当其冲，常一扫而光。上述明洪武二十三年的潮灾"溺死吕泗等场盐丁三万余口"；"松江、海盐溺死灶丁各二万余人"等的记载，令人触目惊心。直接记载盐场受灾的也不少。如清嘉庆《东台县志·祥异》记载，明成化八年（1472）"七月，大雨海涨，浸没盐仓及民灶田产"。嘉庆《松江府志·祥异》记载，清康熙三十五年（1696），潮灾使"盐场尽没"。《古今图书集成·山川典·海部》记载，元至顺元年（1330），"秋七月丙子，海潮溢，漂没河间运司盐二万六千七百余引"。

6.淹农田、坏庄稼

潮灾时，海水内浸，造成大片农田盐渍化，庄稼卤死。《古今图书集成·山川典·海部》：明成化八年（1472）七月，"咸潮所经，禾稼并槁"。1960年编《威海新志·自然灾害》记载，明正德元年（1506）海溢，"禾稼淹没，地变为斥卤"。潮灾后，田地多年长不了庄稼，直到盐分较大淋溶后才能种植。《甲寅海溢记》记载，"潮水苦咸，淹没之后不宜黍稻，因需养淡数年"；"旧传养淡定须三年"，潮灾时，大量泥沙沉积于田地上，冲压庄稼。康熙《胶州志》卷二记载，康熙十年（1671），"六月十三日，大雨海溢……冲压田地二百五十余顷"。

7.大疫与次生灾害

潮灾后，大批人畜死亡，来不及掩埋，病菌迅速孳生。幸存者饥寒交迫，体质衰弱，所以随即导致传染病流行，常无法控制，继续造成大量死亡。《甲寅海溢记》记载，潮"灾后未几，遂为大疫，即所谓吊脚沙者，朝发夕亡，不可救药，甚有阖门递染，先后骈死，人为尸秽感触，抑由中湿所致"。清光绪《阜宁县志·祥祲》：清同治六年（1867）四月潮灾，"卤潮内灌，大疫"。

潮灾中，常有少数社会败类，趁火打劫，干起伤天害理勾当。《甲寅海溢记》记载，"洪潮即退，衣服器用什物，散布盈野，贪忍者固以为利，或棹小舟，编竹筏，潮流捞取，满载而归，名曰'捉小熟'"。"捉小熟之人，此辈幸灾乐祸，全无心肝"。

潮灾危害有时空前严重，触目惊心。一些地方志有生动而详细的描述。如对明永乐十九年（1421）海啸，清嘉庆《东台县志•艺文》有如下描述："辛丑七月十六夜，夜半飓风声怒号。天地震动万物乱，大海吹起三丈潮，茅屋飞翻风卷土，男女哭泣无栖处。潮头驰到似山摧，牵儿负女惊寻路。四野沸腾哪有路？雨洒月黑蛟龙怒。避潮墩作坡底泥，范公堤上游鱼渡。悲哉东海煮盐人，尔辈家家足苦辛。濒海多雨盐难煮，寒宿草中饥食土。壮者流离弃故乡，灰场畜满地无卤。招徕初荣官长恩，稍有遗民归旧樊。海波忽促余生去，几千万人归九泉。极目黯然烟火绝，啾啾鸣鸟叫黄昏。"

中国历史上，最大的两次海难可能是元世祖忽必烈两次攻打日本时，遭到的两次风暴潮灾。第一次是至元十一年（1274）十一月十九日午夜，强台风袭击停泊在日本博多海面的忽必烈舰队，使舰队遭到毁灭性打击。900艘战舰沉没大半，4.3万人死亡、失踪1.3万余人。时为日本文永十年，故日本称"文永之役"。第二次是至元十八年（1281）八月十五日，强台风袭击九州北部伊万里湾忽必烈舰队。4400艘战舰沉没大半，14万大军仅3万人生还。时为日本弘安四年，故日本人称之为"弘安之役"。[①]

（二）风暴潮、海啸、潮枯

1.风暴潮

中国古代记录的潮灾，基本上是风暴潮灾。在古代记载中，它与海啸也是容易区别的。风暴潮灾的记载，一般是"大风，海溢"、"大风，海涌"、"风灾、海啸"等。显然，古代所指的"海啸"大多为伴随巨大声响的风暴潮灾，不是现代意义上的地震海啸，古今"海啸"一词在概念上并不相同。

---

① （日）藤家礼之助.《日中交流两千年》. 第145、147页. 北京：北京大学出版社. 1982年.

　　古书中明确提到风暴潮的不少，如"海风驾潮"、"大风驾海潮"、"大风雨激海涛"、"潮乘飓威"等。其他不常用的反映潮灾与风暴关系的描述就更多，如"大风海立"、"大风卷海水南溢"、"飓涛溢作"等。明代杨慎《升庵全集》卷七十四还明确指出，潮灾主要是台风引起的，"飓，凡海潮溢，皆此风为之"。

　　古代潮灾记载中没有"风暴潮"一词，当时最能反映潮灾与风暴因果关系的是"风潮"一词。"风潮"成为中国古代风暴潮的术语。此术语的形成和推广有一历史过程。南北朝诗人谢灵运《入彭蠡湖口作》诗中，有"客游倦水宿，风潮难具论"的诗句①。这里虽有"风潮"，但风、潮未合成一词。宋代潮灾史料也有用"风潮"的，但似乎只指风暴，因为"风潮"之后，紧接着又讲到"海溢"。如清道光《昆新两县志·祥异》：宋元丰四年（1081），"大风潮，海水溢"。元代，"风潮"已开始成为术语。如抄本《璜泾志略·灾祥》记载，元大德五年（1301），"七月，风潮飘荡民庐，死者八九"。又如元末明初娄元礼《田家五行·论风》："夏秋之交，大风及有海沙云起，俗呼谓之'风潮'，古人名曰'飓风'。"这里的风潮，并非只指大风，还包括大风引起的大海扰动，即海沙云起。同时还明显地指出风潮主要指夏秋之交盛行的台风所引起的风暴潮。明代，"风潮"术语已广泛使用。如清康熙《靖江县志·祲祥》中记载明代约40次潮灾，其中绝大部分用"风潮"一词。如"风潮，湮没民居"、"大雨、风潮淹没田庐"、"大风潮，人民淹死"等。清代，"风潮"术语就用得更多。

　　关于风和潮的关系，清代屈大均《广东新语》卷一有着系统总结，"风之起，潮辄乘之，谚曰'潮长风起，潮平风上，风与潮生，潮与风死'。"

　　风暴潮在南海地区又称为"沓潮"。此名称出现至迟在唐代。唐

---

① 谢灵运.《入彭蠡湖口作》. 载《昭明文选》. 卷二十六.

代刘恂《岭表录异》卷上："沓潮者：广州去海不远，每年八月潮水最大，秋中复多飓风。当潮水未尽退之间，飓风作而潮又至，遂至波涛溢岸，淹没人庐舍，荡失苗稼，沉溺舟船，南中谓之沓潮。或十数年有一之，亦系时数之失耳。俗呼为'海翻'或'漫天'。"这里，刘恂清楚地介绍了"沓潮"，可见，这也是一种风暴潮，但与东海、黄海中的风潮所不同的只是沓潮时，原来的潮汐未退尽，风暴潮是在原来潮位基础上进一步涨水。"沓潮"意即老潮、新潮汇合在一起。唐代诗人刘禹锡写有《沓潮歌》，歌引说明："元和十年夏五月，大风驾涛，南海泛溢，南人云沓潮也。率三岁一有之。"[1]这里，强调沓潮形成在于"大风驾涛"，即持续不断的狂风掀起海涛。宋代高似孙提到沓潮时，强调了老潮和新潮的相合。清代广东沿海有理想化的沓潮曲，强调了两潮汇合，以此比喻爱情。《广东新语》卷四："粤人以为期约之节，予以沓潮曲云：'与郎如沓潮，朝暮不曾暇，欢如早潮上，侬似暮潮下'，又：'两潮相合时，不知早与暮，与郎今往来，但以潮为渡'。"《广东新语》卷一又全面介绍了沓潮的风暴潮性质及其与正常潮信的关系："广人以潮汐为水节，或日一潮而一汐，或日两潮而两汐，皆谓之节。其在番禺之都，朝潮未落，暮潮乘之。驾以终风，前后相蹑，海水为之沸溢，是曰沓潮，一岁有之，或再岁有之，此则潮之变，水之不能其节者也。"

中国历代潮灾记载，也为中国风暴潮规律探讨创造了条件。明代徐贞明《潞水客谈》指出："东南濒海，岁多潮患，盖海之势趋于东南，辽海以及青、徐，则有海之饶，而鲜潮之患，是地势然矣。"这里所说的风暴潮地理分布是正确的。由于台风的作用，东南沿海风暴潮确实比北方沿海多得多。

---

① 刘禹锡.《沓潮歌》. 载《乐府诗集》卷九十四.

2.海啸

　　近代海洋学意义上的"海啸"是地震海啸。中国最早的地震海啸记载是西汉初元二年（前47）的那次。《汉书·元帝纪》：初元二年"七月诏曰：'……一年中，地再动，北海水溢流，杀人民。'"地震海啸在古代记载很少，1981年的《中国地震》汇编约10次[1]。2002年我们编的《地震——海啸》年表则收录18条史料[2]。有的史料是确切的地震海啸。《后汉书·灵帝纪》，汉熹平二年（173）"六月，北海地震，东莱、北海海水溢"。民国《平阳县志》卷十三，元泰定元年（1324），浙江"秋八月，地震，海溢，四邑乡村居民漂荡"。《资治通鉴纲目·续编》卷二十六，元至正四年（1344），浙江"秋七月，温州地震，海溢"。清乾隆《揭阳县志》卷七，明崇祯十三年（1640），广东"地屡震，海潮溢"。清道光《台湾采访册·祥异》，乾隆五十七年（1792），台湾"六月望，泊舟鹿耳门……忽无风，水涌起数丈。舟人曰：地震甚。又在大洋中亦然。茫茫黑海，摇摇巨舟，亦知地震，洵可异也"。清同治《淡水厅志》卷十四，同治元年（1862），台湾"冬十一月，地大震。二十三日鸡笼头……沿海山倾地裂，海水暴涨，屋宇倾坏，溺数百人"。

　　值得重视的是有的海啸有可能是火山海啸。如明万历《嘉定县志》卷十七，正德四年（1509），上海"夏，地震有声，海水沸腾，远近惊怖"。这里的"海水沸腾"，似乎又与海底火山爆发有关。根据史料，又有可能有陨石海啸。如清光绪《镇海县志》卷三十七，同治元年（1862），浙江"七月二十二日夜，东北有彗星流入海中，光芒闪烁，声若雷鸣，潮为之沸"。

---

① 李善邦. 《中国地震》. 第40～50页. 北京：地震出版社. 1981年.
② 《地震——海啸》年表. 载宋正海、高建国、孙关龙、张秉伦主编. 《中国古代自然灾异相关性年表总汇》. 合肥：安徽教育出版社. 2002年.

3.潮枯

由于严重干旱，水源干枯，潮汐很少产生潮枯现象，乃至咸潮倒灌，庄稼不收。这也是一种潮灾，但过去的人们较少提及这种潮灾。

中国古代这样的史料也有。清光绪《杭州府志》卷八十三，宋咸淳十年（1274），"冬十二月庚午，钱塘江潮失期不至"；清乾隆《诸城县志》卷二，明万历二十二年（1594），山东"二月，海水退十里，居民入海拾取海菜，谓之海敕"；清嘉庆《无为州志》卷三十六，乾隆五十年（1785），"奇旱，自去冬至是年终岁无雨，江潮闭，山田籽粒无收，人民饿死者相枕藉"。

为此，我们曾编成《潮不至》年表[①]，收录有12条史料。2002年，又编成《干旱——潮枯》年表[②]。

（三）风暴潮综合预报

风暴潮的成因是海洋大风，主要是台风，所以风暴潮预报就必然是海洋风暴，特别是台风预报。

为了防止风暴潮灾，渔民、海产养殖户、水手、盐民等一定要在风暴潮到来之前能预测出风暴，以便及时准备。古代针经、水路簿等航海书中，常记载航线附近的避风澳（避风港）。如清代《海岛礁屿沿海水途》，就详细记载从福建泉州港到浙闽交界处的沿海各地的"逃台稳澳"，计有泉州港、兴化港、福州港内、福宁港内等43处。

古代没有天气预报网，所以渔民、水手都是勤奋而高明的气象观测预报员。他们"浮家泛宅。弱冠之年即扬历洪波巨浸中。故其于云气氛祲，礁脉沙线，凡所谓仰观、俯察之道，时时地地研究，不遗余力"[③]。

① 艾素珍等．《潮不至》年表．载宋正海、孙关龙等主编．《中国古代重大自然灾害和异常年表总集》．广州：广东教育出版社1992年．
② 《干旱——潮枯》年表．载宋正海、高建国、孙关龙、张秉伦主编．《中国古代自然灾异相关性年表总汇》．合肥：安徽教育出版社．2002年．
③ 《舟师绳墨·跋》．

海洋占候是航海安全十分重要的环节。

殷商甲骨卜辞中，有关风雨、阴晴、霾雪、虹霞等天气状况的字相当多。《甲骨文合集》中"气象"设有专类。在周代的《诗经》、《师旷占》、《杂占》等书中有不少占候（天气预报）谚语和方法。战国秦汉时，占候著作已较多，《汉书•艺文志》提到有关海洋占候的《海中日月慧虹杂占》有18卷之多。唐宋以来，海洋事业有了大的发展。为了祈求船舶在海上趋避风暴，宋代出现了航海保护神——天妃的神话传说，后流传越来越广，影响越来越大。宋代以后，海洋占候开始独立出来。明代海洋占候已有多种，并汇编成册。明导航手册《海道经》将收集的海洋占候谚语，分成占天门、占云门、占日月门、占虹门、占雾门、占电门等。郑和航海可能使用过《海道经》所载的测候谚语。后来流传的导航手册《顺风相送》，其收集的占候谚语分编于逐月恶风法、论四季电歌、四方电候歌、定风用针法等条目中。明导航手册《东西洋考》则将谚语编为"占验"和"逐月定日恶风"两部分。清导航手册《指南正法》则将谚语分编于观电法、逐月恶风、定针风云法、许真君传授神龙行水时候、定逐月风汛等条目中。

海洋风暴预报的方法很多，古代是广泛观测宏观前兆现象，然后进行研究，达到较准确的预报，以最大可能保证生命和财产的安全。这方面记载较多，如南宋时海洋占候已有相当水平。《梦梁录•江海船舰》说："舟师观海洋中日出日入，则知阴阳；验云气则知风色顺逆，毫发无差。远见浪花，则知风自彼来；见巨涛拍岸，则知次日当起南风。见电光，则云夏风对闪；如此之类，略无少差。"《田家五行•论风》说："夏秋之交，大风先，有海沙云起，俗呼谓之风潮。"《天文占验•占海》说，"满海荒浪，雨骤风狂"，"海泛沙尘，大飓难禁"。《东西洋考》《海道经》中均有"海泛沙尘，大飓难禁"的记载。《舟师绳墨•舵工事宜》说："天神未动，海神先动。或水有臭味，或水起黑沫，或无风偶发移浪，礁头作响，皆是作风的预兆。"《台海记略•天时》说：

"凡遇风雨将作，海必先吼如雷，昼夜不息，旬日乃平。"

"海神先动"，包括海洋生物等异常。《本草纲目·鳞部》说："文鳐鱼……有翅与尾齐，群飞海上，海人候之，当有大风。"戚继光《风涛歌》说："海猪乱起，风不可也"；"虾笼得鲔，必主风水"。《东西洋考》《海道经》均有"蝼蛄放洋，大飓难当"；"乌鲋弄波，大飓难当"；"白虾弄波，风起便知"等记载。《测海录》称："飓风将起，海水忽变为腥秽气，或浮泡沫，或水戏于波面，是为海沸，行舟宜慎，泊舟尤宜防。"《采硫日记》卷上称："海中鳞介诸物，游翔水面，亦风兆也。"

古代还记载利用陆地生物前兆进行风暴潮的中长期预报。明代戚继光《风涛歌》称："海燕成群，风雨即至。"《顺风相送·逐月恶风法》也记载："禽鸟翻飞，鸢飞冲天，具主大风。"《墨余录》称："岁辛酉八月十九日夜间，满城闻啼鸟声，其音甚细，似近向远，闻者毛发洒然皆竖，在详见亦然……余以濒海之鸟，恒宿沙际，值海风骤起，水涨拍岸，鸟翔空无所栖止。故哀鸣如是。此疾风暴之征也。当于日内见之。翌日，濒海果大风雨，二日始止。"《唐国史补》卷下："舟人言鼠亦有灵，舟中群鼠散走，旬日必有覆溺之患。"

在海洋风暴预报中，比较特殊而又更多地体现文化内涵的是风期。明《顺风相送》中专门有"逐月恶风法"；《东西洋考》中专门有"逐月定日恶风"。两者均定出一年十二个月的东西洋航线上的风期。清代又明确把风期改为"飓日"或"暴日"，如《香祖笔记》卷二、清乾隆《福建通志》卷十三专门记载了台湾海峡的飓日。清康熙《台湾府志·风信》全面总结了台（风）与飓的特点和区别，并进而论述了一年不同时期过台湾海峡的行船法。

清代《甲寅海溢记》总结有4种预报方法：（1）"潮之消长，随月之阴虚，故洪潮之灾多在秋月之生明与生魄后数日。如嘉庆丙辰为七月十八日，咸丰甲寅则七月初五日"。（2）"海溢之变，前一年必有大风水示其兆，如癸丑闰六月望后，疾风暴雨，平地水高丈余，西北乡山居之民多漂没者。次年七月遂有洪潮之厄。征之父老曰：‘先淡水，后咸潮，与前乙卯、丙辰事同’”。（3）“考郡志灾变门，康熙戊子二月初十日，白巨鱼至中□桥，占者谓有小灾。是年七月初七日海溢，今甲寅当前三、四月间，乌巨鱼至澄江，十百为群，大者如牛，迎潮掀舞，月余乃去，识者忧之，至秋果验”。（4）“闻父老言，洪潮之载若六十年一大劫，三十年一小劫。自嘉庆丙辰（1796）灾后迄今甲寅（1854），相距五十八年，又自嘉庆丙辰上溯乾隆丙戌（1766）之灾，正三十年。又上溯康熙戊子（1708）相距五十八年……潮水有信，灾故不爽也”。《甲寅海溢记》的总结以及前人有关占验海啸的种种记载，证明中国古代对海啸的预报工作是十分重视的。

二、废田变膏田——潮灌与潮田

海水盐分对庄稼威胁很大。但是沿海少雨地区自古又发展潮田，利用出海河口低盐度潮水进行灌溉，发展农业。利用潮水灌溉的潮田，在中国古代沿海地区广泛分布，这是古代海洋水资源利用的一项重大科技成就，也是中国古代海洋农业文化的一个特点。

（一）潮田的产生、发展和分布

潮田在中国出现很早，这首先应谈到骆田。晋《裴渊广州记》记载“骆田仰潮水上下，人食其田”[1]。《十三州志》记载：“百粤有骆田。澍案；骆音架，即架田，亦即葑田也……骆田仰潮水上下，人食其田。”[2]由此可知，骆田即潮田一种，也是中国古代架田的一种。架田

---

[1] 晋《裴渊广州记》. 载《汉唐地理书钞》.
[2] 凉时阚骃纂，清代张澍辑.《十三州志》.

是沼泽水乡无地可耕之处，用木桩作架，将水草和泥土置于架上，以种植庄稼。木架漂浮水上，随水高下，庄稼不致浸淹。这在宋元时多见于江东、淮东和两广地区①。架田又记为葑田。宋代梅尧臣（1002—1060）《赴雪任君有诗相送仍怀旧赏因次其韵》诗中，有"雁落葑田阔，船过菱渚秋"的诗句②，生动描绘了当时葑田发达状况。架田、葑田在两广地区所以称骆田，是因为"骆者，越别名"③。而越即百越或百粤，在古代即指南岭以南今两广地区。骆田出现时代还可追溯到战国时代。《交州外域记》记载："交趾昔未有郡县之时，土地有雒田，其田从潮水上下，民垦食其田。"④这里的雒田显然即骆田。交趾，先秦指五岭以南一带地区，即岭南。岭南地区建郡县始于秦始皇三十三年（前221）后七年，因此"交趾昔未有郡县之时"最晚也是战国时期。由此可见，骆田或雒田即潮田，至迟在战国时期已经出现。

这种在岭南沿海发展起来的仰潮水上下灌溉的潮田，与后来广为发展的位于陆地的潮田有较大的不同。陆地的潮田可追溯到三国时吴大帝孙权在南京所开的潮沟。《舆地志》称："潮沟，吴大帝所开，以引江潮。"⑤《地志》称："潮沟，吴大帝所开，以引江潮……潮沟在上元西四里，阔三丈，深一丈。"⑥开潮沟，引江潮，很可能用于潮灌。

陆地潮田的明确记载在南北朝时。光绪《常昭合志稿》卷九记载："吾邑于梁大同六年更名常熟。初未著其所由名，或曰高乡，濒江有二十四浦，通潮汐，资灌溉，而旱无忧。低乡田皆筑圩，是以御水，而涝亦不为患，故岁常熟而县以名焉。"可见在540年，长江流域潮田规模已相当大。

---

① 王祯.《农书》卷十一.

② 《赴雪任君有诗相送仍怀旧赏因次其韵》诗. 载《宛陵集》卷八.

③ 《后汉书·马援传》注.

④ 《交州外域记》.《水经注》卷三十七引.

⑤ 《舆地志》.《六朝事迹编类》卷上引.

⑥ 《地志》.《东南防守利便》卷上引.

　　唐宋时长江流域潮田又有较大发展。唐代陆龟蒙在《迎潮送辞序》中，记述了松江地区的潮田："松江南旁田庐，有沟洫通浦溆，而朝夕之潮至焉。天弗雨则轧而留之，用以涤濯、灌溉。"[①]南宋范成大《吴郡志》中也记述了吴郡的潮田。

　　综上所述，古代陆地的潮田主要是在长江下游沿岸，特别是在太湖周围低洼地区发展起来的，其年代始于三国时代，至迟可追溯到南北朝，其后在唐宋，特别在宋代有较大发展。

　　长江下游陆地潮田的发展与当地圩田塘浦系统的发展是一致的。"圩田就是在浅水沼泽地带或河湖淤滩上围堤筑圩，把田围在中间，把水挡在堤外；围内开沟渠，设涵洞，有排有灌。太湖地区的圩田更有自己的独特之处，即以大河为骨干，五里七里挖一纵浦，七里十里开一横塘。在塘浦的两旁，将挖出的土就地修筑堤岸，形成棋盘式的塘浦圩田。"[②]这里的圩田在秦汉已进行了初步开发，三国时经东吴政权的经营，已发展到一定的程度。由此可推测吴大帝当时在南京所开的潮沟，亦相当于圩田与塘浦中的浦。在南北朝时，正由于塘浦的发展，以及其中潮灌的发展，才使得在梁大同六年将晋时的海虞县改名常熟县[③]。唐时太湖地区的圩田塘浦"进入一个新的发展时期"，后虽在北宋时"一度衰落"，但到南宋时"圩田范围逐渐扩大"[④]。由此可见太湖地区的潮田发展，基本上与圩田塘浦的发展是同步的。《吴郡志》卷十九记载：吴郡治理高田的主要方法是挖深塘浦，"畎引江海之水，周流于岗阜之地"，而"近于江者，既因江流稍高，可以畎引；近于海者，又有早晚两潮，可以灌溉"。这里的潮田显然只是圩田的一种，只因近海，所以引潮水灌溉。

---

① 《舆地志》.《六朝事迹编类》卷上引.
② 《中国水利史稿》. 中册. 第144页. 北京：水利电力出版社. 1987年.
③ 《长江水利史略》. 第73页. 北京：水利电力出版社. 1979年.
④ 《中国水利史稿》. 中册. 第145页. 北京：水利电力出版社. 1987年.

北方潮田明确记载始于元代发展于明代。这与"畿辅水利"有关。畿辅水利的目的"是要把北京所在的地区改造为一个重要的农业生产地区，以减轻或避免南粮北运的困难，为北京这一全国的政治中心建立起更为巩固的经济基础"[①]。所涉范围包括了现在河北省的全部平原地区。在畿辅水利中采纳了东南沿海地区发展潮田的经验。《元史》卷三十记载："京师之东，濒海数千里，北极辽海，南滨青齐，萑苇之场也，海潮日至淤为沃壤，用浙人之法，筑堤捍水为田。"明代徐贞明（？～1590）《潞水客谈》记载："京东者辅郡……控海则潮淤而壤沃，兴水利尤易也。"[②]雍正《畿辅通志》卷四十六记载："明臣袁黄为宝坻令，开疏沽道引戽潮流于壶卢窝等邨……盖潮水性温，溉自饶，浙闽所谓潮田也。今委负疏涤旧渠，连置闸洞，汲引浇灌，濒海泻卤，渐成膏腴。"明时汪应蛟驻兵天津，大规模屯田，其中也用潮灌。雍正《畿辅通志》卷四十七记载："东西泥沽二围，营田引用海潮水。"

潮田不仅仅开发滨海土地或围海造田以救干旱之急，还能使贫瘠土地变成旱涝保收、稳产高产的"膏田"。乾隆《福建通志》卷三记载："一等洲田，潮至则没禾，退仍无害。于禾不假人、牛而收获自若。有力之家随便占据。"

中国古代"凡濒海之区概为潮田"，潮田分布很广，各海区均有。（见表3-1）

由表可知，潮田分布相对集中于出海河流的感潮河段，所以也与感潮河段的长短有关，河段越长，潮田分布由海洋深入陆地越深，例如南京、丹徒离大海较远，但均位于长江的感潮河段，故仍有潮田分布。

---

① 侯仁之主编.《中国古代地理学简史》. 第59页. 北京：科学出版社. 1962年.
② 《潞水客谈》. 第4页.《丛书集成初编》本.

表3-1 中国古代潮田分布简表

海域	江湖名称	潮田地域	记载文献
渤海	滦河	乐亭县	乾隆《乐亭县志》卷十三
渤海	蓟运河	宝坻	雍正《畿辅通志》卷四十七
渤海	海河	天津	乾隆《天津县志·屯田》
黄海	长江（北岸）	靖江	康熙《靖江县志》卷十六
黄海	长江（北岸）	通州（今南通）	乾隆《直隶通州志·山川》
黄海	长江（南岸）	建康（今南京）	《六朝事迹编类》卷上
东海	长江（南岸）	丹徒	宣统《京口山水志·丹徒水》
东海	长江（南岸）	吴郡（今苏州）	《吴郡志》卷十九
东海	长江（南岸）	常熟	光绪《常昭合志稿·水利》
东海	长江（南岸）	太仓	嘉庆《直隶太仓州志·水利》
东海	长江（南岸）	川沙	光绪《川沙厅志·祥异》
东海	长江（南岸）	松江	光绪《松江府续志》卷三十九
东海	钱塘江	杭州	光绪重刻《西湖志·水利》
东海	浙江省	浙江省	《元史》卷三十
东海	闽江	福建省	乾隆《福建通志》卷三
南海	北溪、南溪	揭阳	同治《广东通志·山川路》
南海	珠江	香山（今中山）	道光重修《香山县志·水利》
南海	钦江	钦州	道光重修《廉州府志·舆地》
南海	廉江	廉州	道光重修《廉州府志·经政》

（二）潮灌的方式及原理

潮灌方式有简易和复杂之分。最简易的是自流灌溉，这类记载较多。如清宣统《京口山水志》卷十，丹徒诸小港"皆平地沙区，无山陇之限，通潮汐，资灌溉"。 清道光《香山县志》卷三，"诸村乘潮汐灌田"。清同治《广东通志·山川路》，"凤尾港均乘潮汐灌田"。更为有趣的是道光十五年（1835），风暴潮冲破了长江河口南岸和杭州湾北岸的海塘，海水进入农田，人们乘机进行潮灌，竟在灾害之年获得丰收。此事被多处地方志记载下来。清光绪《川沙厅志》卷十四：道光十五年六月十八日，"海潮涨溢，冲刷钦塘、獾洞二处，水涌过塘。塘西禾棉借以灌溉，岁稔"。同书卷三附注，对此事有解释："是夏旱，塘内川港涸，六月十八日，海潮冲坍第十三段獾洞三处，洞各宽三丈，深丈余。据衿业曹汝德等呈请缓筑，过水济农。"

自流灌溉的潮田分布高度有限，只能在每月的大潮高潮线以下，所以潮田面积窄小，而且能潮灌时间并不一定与庄稼缺水时间一致。随着潮田发展，自流灌溉逐步被有一定水利设施的复杂潮灌方式所取代。这种取代在长江三角洲较早出现。南宋《吴郡志》卷十九，吴郡"沿海港浦共六十条，各是古人东取海潮，北取扬子江灌田"。这里提到了潮灌中的渠系。民国《江湾里志·祥异》，清嘉庆十九年（1814），"夏秋大旱，是岁祲。惟江湾大场均傍走马塘，朝潮夕汐，戽水不干，木棉尚稔"。这里提到了潮灌中的提水设施。清乾隆《直隶通州志·山川》记载："盐仓闸去江只十里许，涝时泄水甚迅。旱则启闸板以引江潮……居民最利之。"这里提到了潮灌中的潮闸。这种潮灌方式不断完善，已逐渐发展成为包括有渠系，潮闸、提水等水利设施的灌溉系统。对此明代《濒海潮田议》详细记载："凡濒海之区概为潮田。盖潮水性温，发苗最沃，一日再至，不失晷刻，虽少雨之岁，灌溉自饶。其法，临河开渠，下与潮通，潮来渠满，则闸而留之，以供车戽，中沟塍地梗，宛转交通，四面筑围，以防水涝。凡属废坏皆成膏田。"[1]

海水盐度高达35‰，而庄稼对盐度1‰的水已不能适应。那么，为什么沿海广泛发展的潮田能使庄稼丰收呢？这是因为古代人民在长期的抗旱斗争中，已发现在河流感潮河段，由于淡水的注入和潮汐的作用，海水盐度不高且有着明显的时空变化。因此根据潮汐涨落情况，可掌握海水盐度时空动态，得到淡水灌溉。明代徐光启《农政全书》卷十六指出："海潮不淡也，入海之水迎而返之则淡。《禹贡》所谓'逆河'也。"又指出："海中之洲渚多可用，又多近于江河，而迎得淡水也。"十分明显，徐光启这里所说的"洲"，应为入海河口的沙洲，而"逆河"实为入海河流的感潮河段。这里，江水逆流，海水上潮的现象是经常的。

中国古代对海水咸重，河水淡轻有深刻认识。明代郭璿《宁邑海潮论》明确指出两者之不同："江涛淡轻而剽疾，海潮咸重而沉悍。"[2]清嘉庆《直隶太仓州志·水利》则进一步阐明，滨海之地，"潮有江、海之分，水有咸、淡之别……古人引水灌田，皆江、淮、河、汉之利，而非施之以咸潮"。由此可见，古人已清楚潮灌中所引之水虽名为海水，实为河流淡水。

既然"海潮咸重而沉悍"，"江涛淡轻而剽疾"，那么在感潮河段，海水和河水相交之处，自然不会轻易融合。海水咸重，上潮时进入江河的海水在下层沿河底推进，形成一个向上游水量逐渐减少的楔形层。这样上层仍主要为"淡轻剽疾"的河水，可资灌溉。这在古代已有明确的认识。明代崔嘉祥《崔鸣吾纪事》记载了当时耕种潮田的老人，对潮灌原理的精辟阐述："咸水非能秬苗也，人秬之也……夫水之性，咸者每重浊而下沉，淡者每轻清而上浮。得雨则咸者凝而下，荡舟则咸者溷而上。吾每乘微雨之后辄车水以助天泽不足……水与雨相济而濡，

---

[1] 《濒海潮田议》. 载乾隆《乐亭县志》卷十三.
[2] 郭璿.《宁邑海潮论》. 载《海塘录》卷十九.

故尝淡而不咸，而苗尝润而独稔。”嘉庆《直隶太仓州志·水利》指出：“自州境至崇明海水清驶，盖上承西来诸水奔腾宣泄，名虽为海，而实江水，故味淡不可以煮盐，而可以灌田。”这指出了长江太仓—崇明河段，虽名为海，但仍可潮灌的原因。

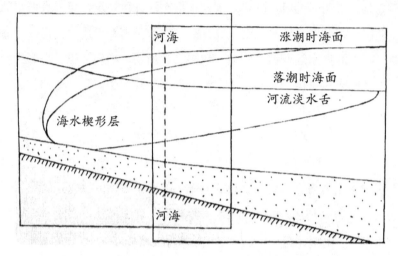

图3-1 （左）感潮河段下层的海水楔形层形成原理示意图
（右）海洋上层的河流淡水舌形成原理示意图

清康熙《松江府志》卷三称，“凡内水出海，其水力所及或至千里，或至几百里，犹淡水也”，指出在河流入海后形成远距离的淡水舌。由此可见，感潮河段下层的海水楔形层形成原理（见图3-1左）与河流出海后海水上层的淡水舌形成原理（见图3-1右）是一致的，现象是连续的。

近代欧洲，关于河流淡水和海洋咸水相交汇情况的研究，以及感潮河段海水楔形层的发现，都是很晚的。19世纪初，苏格兰的弗莱明（J.Flemin）在泰湾的河流中经长期观察感潮河段潮汐运动，才发现上述现象，并写出了《河流淡水与海洋咸水交界处的观测》论文[①]。由此可

---

① M. B. Deacon, Oceanography, Concepts and History, Dowden, Hutchinson and Ross, Inc. 1978, P. 133.

见，中国这方面认识显然早于西方。如从明代崔嘉祥以及这位种潮田老人的认识算起，则比西方同类认识早300年。如从因潮灌获益而改县名为"常熟"开始，则早1300年。如从吴大帝开潮沟引江潮灌溉农田开始则早1600年。中国不仅认识要早得多，更重要的是中国早已利用这种认识广泛发展了潮田。

潮田在近代衰落了，这主要是因为潮灌本身有较大局限性：（1）潮灌利用上潮时水位的抬升进行灌溉受潮差的制约。中国沿海的潮差在世界上不算小（渤海3米、黄海4米多、东海6米、南海3米）[①]，但用于潮灌则不算大。（2）淡水和咸水尽管不轻易融合，但不断的潮起潮落又促进融合，所以完全适宜灌溉的淡水的分布是有限的，在干旱少雨季节以及河流的非汛期更是这样，缺乏经验或稍不小心就会引入咸水，造成土地的次生盐渍化。（3）海水上潮还常给渠道带来泥沙，造成淤塞。（4）潮田无法抵抗风暴潮的袭击，沿海风暴潮盛行，往往造成严重灾害。为此，近代中国的沿海农业区虽进一步发展，但潮田就无再发展的必要。然而潮田在中国古代的广泛发展和存在，以及人们对潮灌原理的深刻认识，不能不说是中国古代海洋农业文化的一大创举。

三、煮海为盐——纳潮与盐田

海水中溶解着大量盐类是制盐的原料。据计算，1立方千米的海水含有$2.7×10^7$吨氯化钠[②]。海盐生产在中国历史悠久，传说炎帝时山东沿海地方氏族首领宿沙氏已煮海为盐[③]。《禹贡》记载青州有盐贡。春秋战国时，北方齐国和南方的吴、越两国均有鱼盐之利，为富国之本。

---

① 《中国自然地理·海洋地理》. 第149页. 北京：科学出版社. 1979年.
② 徐鸿儒主编. 《中国海洋学史》. 第33页. 济南：山东教育出版社. 2004年.
③ 《世本》. 《丛书集成初编》本.

西汉桓宽《盐铁论·非鞅》记载，当时盐铁已成为"佐百姓之急，足军旅之费"，"有益于国"的重要财赋收入。汉初吴王刘濞"煎海水为盐"，作为起兵谋反的重要经济实力。盐业在沿海地区广泛发展，成为封建国家的重要经济收入。盐田是中国海洋农业文化的一个重要组成部分。

古代制盐经历过一个直接煮海水成盐、制卤煮盐、晒卤成盐技术发展阶段。[①]在具体的海盐生产过程中，要时时考虑潮汐情况。元代陈椿《熬波图咏》专门总结海盐生产工艺，把制盐全过程的各个环节和步骤，以及制盐的科学道理，较系统地作了总结，是中国古代海盐生产极其重要的文献。

《熬波图咏·坝堰蓄水》说："办盐全赖海潮。"制盐的卤水取自海水。这些海水主要是靠潮汐直接流到或涨潮时抽到盐田（见图3-2），故盐场主要分布于潮间带。无论煮盐或晒盐总希望直接纳入高浓度潮水。但潮水盐度随季节、昼夜、晴雨等条件而不断变化，所以，纳潮是个复杂问题。纳入的海水先要晒盐，在此时期，不能再纳新的海水，这就要防止潮汐侵入盐田。所以盐业生产，要了解潮汐涨落时间和幅度变化规律，还要了解潮水盐度的空间分布和时间变化。为了纳得高浓度海水，盐民努力了解海水盐度变化的规律。盐民中长期流传着"雨后纳潮尾，长晴纳潮头"，"秋天纳夜潮，夏天纳日潮"等谚语，这是对纳潮规律的长期总结。

盐场分布和潮汐涨落幅度密切相关，为此盐场分上、中、下三场。姚士粦《见只二编》记载："凡煮盐俗曰趁海。一则谓趁潮可漉，一则谓着天晴可晒也。趁海先佃海场……分场为上、中、下三节。近海为下场，以潮水时浸，不易乘日晒也。其中为中场，以潮至即退。夏秋皆恒受日，易成盐也。远于海为上场。潮小至所不及，必担水洒灌，方

---

① 林树涵．《中国海盐生产史上三次重大技术革新》．载《中国科技史料》．1992年2期．

可晒也。凡潮汛上半月，以十三日为起水，至十八日止。下半月二十七日为起水，初二日止……潮各以此六日大满，故当潮大，三场皆没，自初二、十八日以后，潮势日减，先晒上场，次晒中场，最后晒下场。故上、中每月得晒二场，下场或仅得其一也。"①

图3-2 海潮浸灌
（引自《熬波图咏·海潮浸灌》）

《熬波图咏》中直接与潮有关的记述还有很多。《熬波图咏·开波通海》："每团各灶，须开通海河道……候取远汛，以接海潮。"《熬

---

① 姚士舜. 《见只二编》. 载光绪《海盐县志》卷八.

波图咏·坝堰蓄水》：“潮涌则淹没滩场，水少则妨误滩盐。”《熬波图咏·筑护海岸》：“每岁七、八月间，多起大东北风，海潮甚大，虑恐涌涨淹没灰场时，急不能干……每每多雇人夫，高筑堤岸，以防不测。”《熬波图咏·海潮浸灌》：“东斥海潮，潮满淹浸，须伺日久，地土吊盐，水干则扒削，开渠取平。”

四、民以食为天——潮汐在水产资源开发中的应用

我国自北而南广大沿海地区的文明发展，无不是与海洋水产资源的开发利用有关。民以食为天，海洋水产资源开发以食用为主，其次包括药用、装饰、建筑材料等方面。这是中国传统海洋农业文化的基本方面。古代海洋水产资源的开发，类似于现代提倡的海洋农业。

海洋水产资源的开发历程主要呈现出采集、捕捞和养殖三个阶段。在这三个阶段中，潮汐应用均发挥了重要作用。

（一）海洋采集中的应用

中国海域到处都有贝类繁殖生长。多数贝类栖息于潮间带或浅海水域，行动缓慢，潮落后很易采拾。海洋采集起源于沿海地区的远古人类在潮退后去海滩上捡拾贝类、小鱼、小虾、海菜等动植物充饥。

蜚声中外的北京周口店龙骨山，在距今18000年前山顶洞人遗址中，发掘出多个海蚶壳，其中有些贝壳上钻有小孔。据研究，原始人曾用野藤之类，把贝壳穿成项链来打扮自己。由此可见，我们祖先早已与海发生了关系。

考古工作者在北起辽宁，南至两广的漫长沿海地带，发现广泛留存有石器时代贝丘遗迹。这些遗迹是原始人类把吃剩下来的贝壳，抛弃在居住地附近长期堆积而成的。广泛留存的贝丘遗址反映了当时

赶海活动的兴旺，也说明海洋采集是原始人类的重要生产活动。从贝丘中残存的贝壳和鱼骨看，当时采集的种类已很多。初步统计：贝类有牡蛎、海蚶、单扇蛤、丽蚌、鲍鱼、川蜷、魁蛤、文蛤、海蛏、淡水蚬等；螺类有海螺、水晶螺、小旋螺、棱芋螺、中国田螺、台湾小田螺等；此外还有龟类等水产。上海马桥新石器时代遗址出土两个蚌窖，证明某些地区的海洋采集量是很大的，因而除当时消耗以外，还可以贮藏起来。

海洋采集，在新石器时代以后，由于与造船的发展相关的海洋捕捞业的崛起，退居从属地位，但仍继续发展。如从考古资料看，远离海洋，位于中原的商代遗址也出土了不少贝币，如郑州白家庄商代遗址出土海贝460枚；安阳大司空村平民83座墓中有殉贝（1～20枚不等）；安阳小屯殷代中型墓出土海贝6000多枚。[1]

殷墟出土有鲸鱼骨。《今本竹书纪年》称，夏代"帝芒十二年，东狩于海，获大鱼"。 对此历史记载如何理解尚是个问题。不过，古代文献常把鲸称为"大鱼"。古籍中常记载有鲸在海滩搁浅或集体自杀的现象。它们的肉也随之被人分割一光。《汉书•五行志》记载，汉建平三年（前4），山东"东莱平度出大鱼，长八丈，高丈一尺，七枚，皆死"。清光绪《杭州府志》卷八十四记载，1605年"钱塘江沙上有海鳅百条，重数百斤，民取肉熬油"。这类史料不算少，所以我们专门编制了《鲸鱼等》年表[2]。

落潮后的海滩采集又称赶海，在今天已成为沿海旅游中的一项休闲活动，已无食用意义。

---

① 张震东、杨金森. 《中国海洋渔业简史》. 北京：海洋出版社. 1983年.

② 艾素珍、宋正海等. 《鲸鱼等》年表. 载《中国古代重大自然灾害和异常年表总集》. 广州：广东教育出版社. 1992年.

（二）海洋捕捞中的应用

海洋捕捞在新石器时代已经开始，以后成为海洋水产开发的主要形式。海洋捕捞技术多种多样，其中有潮水捕鱼法。

唐代陆龟蒙《渔具》诗中说到一种"沪"的渔具，"列竹于海澨曰沪"[1]。就是在海滩上安置竹栅，利用潮水涨落捕鱼。这种"沪"在郑和下西洋时传到印度等地。直到今天印度南部科钦一带仍到处可以看到这种网，当地称"中国网"[2]。

古代还有利用潮水涨落在海湾捕鲻鱼的。

（三）海产养殖中的应用

春秋时期，海洋捕捞可能使局部海域出现水产资源枯竭的危险，为此保护海洋水产资源的思想早已产生，如《管子》中已有限制渔网网眼大小的明确记述。由于对海洋水产日益增长的需要，从而促进了水产养殖业的产生和发展。

海水养殖贝类分滩涂贝和浅海贝两大类，与潮汐有关的则是滩涂贝。在滩涂，潮水不仅形成丰富的潮泥，可供贝类栖息，也不断带来有机碎屑充作食物。古代主要海产养殖种类如下：

蚝田。　蚝即牡蛎。东南沿海养殖牡蛎有着悠久历史。罗马普林尼（Pliny）记载，在西方首建人工牡蛎苗床之前很久，中国人便已掌握养殖牡蛎的技术了。[3]宋代已开始插竹养殖，宋代梅尧臣《食蚝》诗曰："亦负复有细民，并海施竹牢，采掇种其间，冲击姿风涛，咸卤与日滋，蕃息依江皋。"[4]明代郑鸿图《蛎蜅考》[5]，详细记载了福建福宁竹屿在15世纪的插竹养蚝法。从明成化开始，除竹屿岛有养蚝业，邻近的

① 《渔具》诗. 载《甫里集》卷五.

② 季羡林. 《回到历史中去》. 载《人民日报》. 1978年5月21日.

③ 齐钟彦. 《我国古代贝类的记载和初步分析》. 载《科学史文集》. 第4辑.

④ 梅尧臣. 《食蚝》. 载《古今图书集成·博物汇编·禽虫典》. 卷一百六十引.

⑤ 郑鸿图. 《蛎蜅考》. 载民国《霞浦县志》卷十八.

涵江、沙江和武岐一代也有养蚝业。广东沿海地区也有较大规模的养蚝业。潮州地区清代以前养蚝业已很发达。

蚶田。 明代浙东开始种蚶。《本草纲目》卷四十六记载，"今浙东以近海田种之，谓之蚶田。"《闽部疏》《闽中海错疏》均称道浙江四明（宁波）的人工养蚶。广东养蚶在清康熙时有记载，《广东新语》卷二十七记载："惠、潮多蚶田。"

种珧。南宋已有养殖江珧记载。陆游（1125～1210）《老学庵笔记》卷一记载："明州江珧柱有二种。大者江珧，小者沙珧，然沙珧可种，逾年则成江珧矣。"周必大《答周愚卿江珧诗》曰："东海沙田种蛤蚶。南烹苦酒濯琼瑶……珠剖蚌胎那畏鹬，柱呈马甲更名珧。"[①]

蛏田。明代《本草纲目》《正字通》《异鱼图赞补》等书均有人工养殖蛏的记载。《本草纲目》卷四十六称："蛏乃海中小蚌也……其类甚多。闽粤以田种之，候潮泥壅沃，谓之蛏田。"《闽书》对蛏养殖方法有较详细的记载，并指出蛏田以福建的连江、福宁最大。

鲻池。明清时期海水鱼类养殖开始发展起来，主要养殖鲻鱼。鲻鱼生活于河口港湾浅海处，适盐性广，能够进入淡水生活；以底栖硅藻和有机碎屑为主要食物，不必喂动物性饲料。明代黄省曾《养鱼经•种》称："鲻鱼，松之人于潮泥地凿池，仲春潮水中捕盈寸者养之，秋而盈尺，腹背皆腴，为池鱼之最，是食泥，与百药无忌。"古代养鲻地点不少，自北而南有河北、江苏、浙江、福建、广东等沿海。

（四）海洋贝壳烧制石灰

海洋生物用作建筑材料主要是用贝壳烧制石灰。《周礼•地官司徒》称："以共闉圹之蜃。"郑玄（127～200）注："闉犹塞也，将井椁

---

① 《答周愚卿江珧诗》.《周益国文忠公集•平园续稿》卷三.

先塞下，以蠡御湿也。"这说明早在西周时，已用贝壳烧制的石灰用作墓室防湿的材料。春秋鲁成公二年（前589），"八月，宋文公卒，始厚葬，用蠡灰"[1]，也用这一材料。1954年辽宁营城子地区发现41座西汉时期的贝墓，其墓室都是用牡蛎、蛤蜊、海螺的介壳构筑的[2]。蠡灰也用于一般的居室作建筑材料。《本草纲目》称："南海人以其蛎房砌墙，烧灰粉壁。"至今沿海地区仍有用蛎房来烧石灰的。

五、潮流往还——潮汐在航海中的应用

"海潮之益不浅矣。"[3]除了在海洋水产开发和潮田、盐田开发中应用，潮汐还在航海、海战、海岸工程建设中广泛应用。

最广泛的潮流、潮汐利用莫过于航海。水手、渔民中，自古至今流传着大量潮汐、潮流的谚语。古代导航用的更路簿、针经、海图中常载有航线的潮汐情况。沿海地方志常载有潮汐表，这些潮汐的情况和表主要用于航行。其中有的潮汐表，为了航行使用方便，并不记载潮汐涨落时间而直接记载与潮汐涨落有关的开船、回船时间。古代一些港口还专门将潮汐表刻成石碑立于港口，供航海者参考。这类表被称为潮信碑。古代著名的潮信碑有钱塘江畔浙江亭的吕昌明《四时潮候图》、琼州海峡两岸的伏波将军马援潮信碑、海安天后庙潮信碑等。

古代航海动力主要是风，但潮流和洋流也是重要的。《东西洋考·潮汐》称："驾舟洋海，虽凭风力，亦视潮信以定向往。"清代黄叔璥《台海使槎录·洋》称："大海洪波，止分顺送。凡往异域，顺势而

---

① 《左传·成公二年》.

② 张震东、杨金森．《中国海洋渔业简史》．第216页．济南：海洋出版社．1983年.

③ 《古今图书集成·山川典·海部》.

行。"民间还流传着"老大勿识潮，吃亏伙计摇"的谚语。

涨潮时，潮流由海向岸，船舶进港容易。反之，退潮时，船舶出海容易。明代毕拱辰《潮汐辨》称："辅舟漂渡之事，潮长则从海易就岸，潮退则从岸易入海。"[1]潮汐涨落十分有规则。大海中潮流方向不断旋转变化，河口地区潮流则变成往复流。不管是旋转流还是往复流，船舶只要掌握潮信，视潮次停泊或开航，就可以利用潮流进行往返。孙绰《望海赋》有"商客齐畅，潮流往还"[2]的句子，赞美这种潮流航行的好处。

船舶在岛屿或近岸海区航行以及出入海港，必须防止海水退潮造成搁浅或触礁。北宋徐兢《宣和奉使高丽图经》卷三十四指出："海行不畏深，惟惧浅阁，以舟底不平，若潮落，则倾覆不可救，故常以绳垂铅碇以试之。"明代陈侃《使琉球录》："大舟畏浅，必潮平而后行。"在航行繁忙地区更要掌握潮候，为防礁避浅，进出港湾多重视潮候。战船或商船常经过的海域，更需要按潮汐涨水行船。

元代漕运位于今黄海海区。这里泥沙含量很高，水不很深，暗沙浅滩发育。黄海离岸越远则越深，泥沙含量小，水色由黄变青，由青变黑，区分是十分明显的。古代随着海洋资源开发和航海的频繁，大的自然海区又被划分成更小一级的综合经济海区，这种小海区常被称为"洋"。[3]宋元以来，渔民水手常把黄海划分为黄水洋、青水洋、黑水洋。大致在长江口以北近岸处海洋，含沙最大，水呈黄色，称为黄水洋。元代漕运路线开始在黄水洋，这里水浅沙多，行船必考察潮汛。《三鱼堂日记》卷六指出："潮长则洋洋汤汤上，茫无畔岸，潮落则沙壅土涨，深不容尺。其沙土坚硬，更甚铁石。渔船可载数千者，必远而

---

① 毕拱辰.《潮汐辨》. 载乾隆《掖县志·辨》.

② 孙绰.《望海赋》. 载《全上古三代秦汉三国六朝文·全晋文》.

③ Guo Yongfang, The Character "Yang" of Chinese Traditional Ideas – A Study of the Nomenclature of Small Sea Areas, Deutsche Hydrographiche Zeitschrift, Nr. 22, 1990.

避之。"这里航海，不能用大船，只能用装800石左右的小船；也不能用下侧如刃，可以破浪而行的大海船，必须用平底的沙船。明代徐贞明《海道经》指出："至元二十年起运粮……自刘家港开船出扬子，盘转黄沙连嘴，望西北沿沙行时，潮涨行船，潮落抛泊。"为了避开黄水洋的暗沙浅滩，也为了利用黑潮洋流作航海动力，元代漕运路线先后有三条努力向东移至水深的黑水洋。

六、乘潮进攻——潮汐在海战中的应用

古人水上用兵，因潮汐而成败的实例很多。海战离不开航海，必须要掌握潮汐知识；海战又必须把握战机，而潮汐涨落则又是把握战机的重要因素。《舟师绳墨》是清代训练水师的一本教科书，对潮汐规律的认识与利用，是其中一项重要内容。《舟师绳墨·舵工事宜》："潮候随四时之节令，长退有一定之去来……各按时候，即如春天初一日，此处不浅可过。转至夏来初一日，此处却过不去，由此类推，行船无失。"

水军乘潮进攻，克敌制胜的战例不胜枚举。1661年郑成功收复台湾是利用潮汐取胜的典型。4月28日郑成功舰队从澎湖开船，准备从鹿耳门进入台湾。鹿耳门航道很窄，仅里许。《台海使槎录·形势》认为，台湾"四围皆海，水底铁板沙线，横空布列，无异金汤。鹿耳门港路迂回，舟触沙线立碎"。荷兰殖民者又将损坏的甲板船沉塞在航道中，所以这里并没有设防。郑成功部下大多为沿海居民，对台海潮汛了如指掌，加上何廷斌的献图和向导，所以尽管此航道港路有险阻，却未能阻碍船队通过。4月30日（四月初二）正值大潮，水涨数尺，郑成功全部大小船只均顺利地通过鹿耳门航道，收复了台湾。

无独有偶，清政府后来统一台湾，也不止一次地利用涨潮攻入鹿耳门。《清朝文献通考》记载：康熙"二十二年六月帅征台湾……鹿耳门险隘难入，兵至潮涌，舟随潮进，遂平之。"清乾隆《敕封天后志》记载："康熙六十年……六月兴师，十六日攻鹿耳门，克复安平镇，乃潮退之际。海水加涨六尺。又有风伯效顺。各舟群挤直入……台地悉平。"

明代胡宗宪《筹海图编》是记述明代抵御倭寇的重要书籍。书中不少处是论述海防和潮汐具体关系的。如谈到某处布防时说："大衢在北，长涂在南，相离不过半潮之远，潮从东西行，两山束缚，其势甚疾，哨船、战船遇潮来与落时皆难横渡，俟潮平然后可行，策应亦有不便者。"

海防经常用木桩打入航道河底，起到阻拦敌船或损坏敌船的目的。清代薛福成《浙东筹防录》卷一下记载："缘测量梅墟江中水势，潮涨时水深不过二丈以内。四丈长之桩，以二丈入土，二丈在水。潮退时水面可露数尺。潮涨时桩与水平，足拒敌舰矣。"《海潮辑说》卷下记载五代后晋天福三年（938）一次海战时，"海口多植大杙，冒之以铁，遣轻舟，乘潮挑战而伪循"，敌船追之，"须臾潮落，舰碍铁杙，不得退"。

七、潮起潮落——潮汐在海岸工程中的应用

与潮汐、潮流关系最大的重要海岸工程是海塘、潮闸。但海塘、潮闸主要目的是防止潮灾，主要防止风暴潮而不是防止一般的潮汐、潮流。

海岸地带的工程建筑，无论在修筑中还是在修筑后，常受到潮汐的作用，因而不能不考虑，采取科学的措施，避害趋利。

（一）桥梁

福建泉州市东北与惠安县交界处的洛阳桥（万安桥）是著名的梁架式古石桥。它横越洛阳江入海河口。这里潮浪大，桥基很易损失。宋代当地人民吸收了汕头海边用蛎房加固海堤的方法，在桥基周围养殖了大量牡蛎。牡蛎在潮流中生长很好，它们层层重叠，形成的蛎房牢牢地把桥基石块粘接在一起。桥墩建成后，要把巨大的石梁顺利地安放到桥墩上，是十分困难的。他们又用海潮当"起重机"，先把一两丈长的沉重的大石梁架放在木排上。涨潮时，木排划到桥墩间，使石梁位于桥墩位置的上方。待退潮时，石梁徐徐下降安放在正确位置上。1053～1069年，经过持久努力，当地人民终于建成了洛阳桥。（见图3-3）

图3-3 洛阳桥

福建晋江县和南安县之间有一座长5市里的跨海石桥，名曰安平桥（五里桥），这是我国现存最长的古桥。此桥是1138～1151年当地人民运用与建洛阳桥相同的潮汐方法建造的。

此两座古桥至今犹存。

（二）水城

今山东蓬莱县旧县城外西北的蓬莱古水城（见图3-4）是宋元明清海防要地，为我国沿海仅存的古军港。李文渭、徐瑜认为，它的设计反映着古代海洋水文知识的娴熟应用。港口码头高程必须根据多年的潮高观测数据来确定，以保证最低潮时有一定水深，最高潮时码头

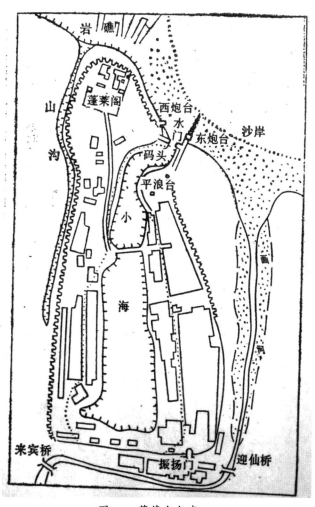

图3-4 蓬莱古水城
（引自李文渭、徐瑜．《蓬莱水城与潮汐利
用》．《海洋战线》．1978年第6期）

又不被淹没。水城内码头高程为3.2米。这是符合当地潮汐涨落情况的。1949年后，水城西不远处建的新码头高程为3.2米～3.4米，这也进一步证实古码头高程的确定是有多年潮高观测数据作根据的。古水城有防浪堤和平浪台。水城出口，水门的东、北两面，海面宽阔，潮波、风浪多从这里涌来。因此位于水门外东边的防浪堤，有效地阻挡了这个方向来的巨大潮波和风浪。其他方向来的潮波和风浪进入水门到达内部港湾——小海后，首先碰到突出小海中的平浪台。平浪台的作用在于遏止涌入水门的潮浪，使其接触平浪台之后向西折射减弱。由于防浪堤和平浪台的作用，小海内风平浪静成为避风良港。防浪堤的石块大小不等，大的直径可达1.5米，重约2吨左右，估计当时还要大些，这些石块运自西边丹崖山珠玑岩下。据传搬运这些石块也利用了潮汐，[①]人们先将巨石用铁链固定在木排上，涨潮时木排浮起，然后将巨石运到施工地点，待潮退后解链，石块堆积，逐步形成防浪堤。

（三）"海拔"概念的提出

"海拔"也称绝对高程。在大范围工程特别在跨流域水利工程中，海拔是进行高程测量的统一标准。海拔是由"平均海水面起算的地面某高度"。由于潮起潮落，海面高程不断变化，所以采用平均海水面作为大地绝对高程测量的零点。海拔概念的提出和高程确定是潮汐学的一项重要成果。元代郭守敬(1231～1316)最早在我国提出"海拔"概念。元代齐履谦在郭守敬的传记中写道：郭守敬"又尝以海面较京师至汴梁地形高下之差"[②]。这里清晰地记载了郭守敬以海平面来作为比较地形高低（海拔）的标准，这在我国测量史、地学史和海洋学史上的进步意义是十分重大的。

① 李文渭、徐瑜. 《蓬莱水城与潮汐利用》. 载《海洋战线》. 1978年第6期.
② 齐履谦. 《知太史院事郭公行状》. 载《国朝（元）文类·行状》.

第四章

天下至信者莫如潮——古代潮汐表

一、高度精确的唐宋理论潮汐表

理论潮汐表即天文潮汐表。天文潮汐是由地球、月亮和太阳三者位置变化而形成的，因而可以用天文历算方法来计算制订出潮汐表。

潮汐来去是有规律的。古人认为："天下至信者莫如潮，生、落、盛、衰，各有时刻，故潮得以信言也。"[1]航海、渔业、制盐、潮灌、海战、海岸工程等海洋活动都离不开潮汐，因此必须掌握潮汐、潮流时刻及其变化规律。于是潮汐表在中国古代充分发展。潮汐表基本分两大类：理论潮汐表和实测潮汐表。

（一）潮月同步原理

东汉王充虽没有留下他曾制订潮汐表的记载，但是他在《论衡·书虚篇》中提出"涛之起也，随月盛衰"的理论，明确提出了潮汐运动与月亮在天球视运动的同步关系。这就启发后人应用天文历算方法以计算月球经过上下中天的时间来确定潮时。中国古代天文历算相当精确，因此古代制订的理论潮汐表就达到相当精确的水平。

（二）窦叔蒙涛时图

唐大历中窦叔蒙著有《海涛志》。此文依据王充的潮月同步原理，在潮候计算和理论潮汐表制订中作出杰出贡献。《海涛志》认为，"月与海相推，海与月相期……虽谬小准，不违大信"，这就进一步阐述了同步原理。于是他用天文历算法，计算了自唐宝应二年（763）冬至，上推79379年的冬至之间的积日（日数）和积涛（潮汐次数），得到积日数28992664；积涛数56021944。两者相除，得到潮汐周期为12小

---

① （元）吴亨泰.《答高起岩论潮书》. 载《海塘录》卷十九.

时25分14.02秒。一天有日潮、夜潮，两次潮汐应为24小时50分28.04
秒。这个数据为半日潮的逐日推迟数，很精确，与现代一般使用的50
分很接近。

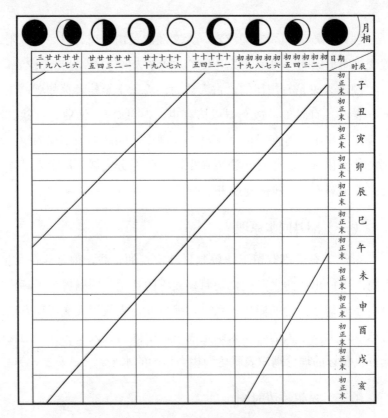

图4-1 《窦叔蒙涛时图》（复原图）
（引自徐瑜．《唐代潮汐学家窦叔蒙及其〈海涛志〉》.
《历史研究》．1978年6期．这里有所改动。）

　　为了便于推算的理论潮时成果的应用，窦叔蒙制作了一种可查阅
一朔望月中各日各次潮汐时辰的涛时图，可称为《窦叔蒙涛时图》。
此图已佚，但《海涛志》中有具体的记载："涛时之法，图而列之。
上致月朔、朏、上弦、盈、望、下弦、魄、晦。以潮汐所生，斜而络
之，以为定式，循环周始，乃见其统体焉，亦其纲领也。"根据这段

记载，徐瑜复原了《窦叔蒙涛时图》（见图4-1）。根据此图，人们可以方便地查出一朔望月中任何一天的两次高潮时辰；也可以看月相方便地知道当天的高潮时辰。当然，此图也可用于反查。

（三）潮时逐日推迟数

宋代对潮时推算有较大贡献的是张君房和燕肃。张君房大中祥符年间（1008～1016）谪官知钱塘县（今杭州），写有《潮说》。他继承发展了《窦叔蒙涛时图》，绘制了新的潮候推算图——《张君房潮时图》。《潮说》中篇称："今循窦氏之法，以图列之，月则分宫布度，潮则著辰定刻，各为其说。行天者以十二宫为准，泛地者以一百刻为法。"张君房图亦已佚，但据此记载可绘制出复原图。（见图4-2）

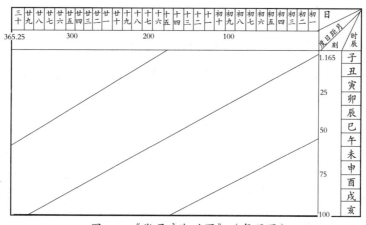

图4-2 《张君房潮时图》（复原图）

《张君房潮时图》与《窦叔蒙涛时图》有两点不同：（1）横坐标由月相改为"分宫布度"。这里的度即月亮在黄道上的度数。古代将一周天分为365.25度。（2）纵坐标"著辰定刻"，即除继续用时辰表示，当时还将一昼夜分为100刻。既然纵横两个坐标均有了较细的分划，所以张君房图自然就精细得多。

《潮说》中篇指出："凡潮一日行三刻三十六分三秒忽，差二日半行一时，一月一周辰位，与月之行度相准。"这里张君房已确定潮汐逐日推迟数约3.363刻。宋代百刻零点定于子时开始点，故初一日、月合朔的子时中间点为4.165刻。有了这两个数据，我们就可以知道张君房推算一朔望月中各日各次高潮时刻的方法，其公式如下：

初一　4.165刻

初二　4.165刻＋3.363刻

初三　4.165刻＋3.363刻×2 ＝ 4.165刻＋3.363刻×（3－1）

……

n　　4.165刻＋3.363刻×（n－1）　　　（n为日期）

下半个月时，n＞15，此时潮汐重新开始轮回，故n应首先减去15再减去1，因此又有下列公式：

n　　4.165刻＋3.363刻×（n－15－1）

每天有两次潮汐，彼此相隔时间为50刻＋3.363刻÷2。有了此数，就可以从一天中的一次高潮时间，方便地算出另一次高潮时间。

如果我们用近代计时单位，那么3.363刻相当于48.39分，近似于0.8小时。《潮说》所说的"差二日半行一时"，则正好为50分，也近似于0.8小时。近代一天的时间起算不是子时开始点，而是子时中间点，这样计算潮时公式中也没有4.165刻这一起始项。因此可以把张君房潮时公式近似的改写成如下形式：

上半月高潮时　（n－1）×0.8

下半月高潮时　（n－15－1）×0.8

这个公式与近代我国半日潮海区广泛使用的"八分算潮法"有着明显的关系。八分算潮法是根据月亮每天平均推移50分（约0.8小时），再结合当地平均高潮间隙（某地从月亮抵达中天的时间，到发生第一次高潮的时间间隔）组成的，公式如下：

上半月高潮时　（n－1）×0.8＋平均高潮间隙

下半月高潮时　（n－15－1）×0.8＋平均高潮间隙

公式均由两部分组成。前面部分是基本的，为天文潮时部分，这正好是张君房用天文历算得到的公式的近似写法。至于后面部分只是一种地方性的潮时修正系数而已。由此可见尽管中国古代没有八分算潮法这个名称，但张君房的潮时之推算法实为八分算潮法之滥觞。

北宋燕肃被称为有巧思的人，他的科技成就是多方面的。《宋史·燕肃传》记载，他校正过太常寺钟磬的音调，制作过指南车、记里鼓车和敧。他用锁簧巧安了鼓环。他写有《莲花漏法》，制造了莲花漏。他还是诗人，诗作多达数千首；又是画家，画作被视为珍品。

大中祥符九年（1016）冬，他奉诏按察岭外，提点广南西路、广南东路刑狱，来到北部湾和南海广大沿海地区。回京后，因受排挤，他又离京，先后到越州（今绍兴）、明州（今宁波）任知府。自1016年开始的近十年中，他的足迹遍及南海、东海的沿海地区，经常用刻漏来观测潮汐时刻。约于1026年，燕肃绘制了《海潮图》，撰写了《海潮论》两篇。至今图已佚，文章也只见到一篇。此篇被刻成石碑流传，宋时姚宽便是从会稽（今绍兴）得到的一块石碑上抄录下来的，保存于他的《西溪丛语》中。姚宽并不知此文作者，后经王明清考证指出，才知此文即燕肃《海潮论》[①]。

燕肃精确地阐述了一朔望月中潮时的变化规律。《海潮论》："今起月朔夜半子时，潮平于地之子位四刻一十六分半，月离于日，在地之辰，次日移三刻七十二分。对月到之位，以日临之次，潮必应之。过月望复东行，潮附日而西应之。至后朔子时四刻一十六分半，日、月、潮水俱复会于子位。其小尽，则月离于日，在地之辰，次日移三刻七十三分半，对月到之位，以日临之次，潮必平矣。至后朔子时四刻一十六分半，日、月、潮水亦俱复会于子位。"这里燕肃首先指出初一，日、月合朔时刻是四刻一十六分半，这就明确指出当时百刻计时的零点不在

---

① 王明清. 《挥尘录》. 前录. 卷四.

日、月合朔的子时中间点，而在子时的开始点，而且具体给出了北宋潮时推算的起算值是4.165刻。

燕肃考虑到朔望月有大尽（大月30天）、小尽（小月29天）之分。如果均用同一潮汐逐日推迟数据（如张君房用的3.363刻），那么到月末几天潮时推算就很难准确，最后一天的潮时也无法与下月初一时相衔接。为克服这个困难，燕肃的潮时推算采用两个潮汐逐日推迟数：大月用3.72刻；小月用3.735刻。燕肃的潮时推算公式与张君房的公式在形式上差不多，并且也只是用于推算天文潮汐的理论潮汐表。理论潮时和实测潮时不免有出入，但总的来说，"终不失其期也"。为此，英国的李约瑟在谈到燕肃的理论潮时推算时，对宋代有如此高精度的潮时测定感到惊讶："怎么会精密到如此，我们是不清楚的。"[①]

唐宋理论潮汐表所以达到如此精确水平，这是与我国当时天文历算成就分不开的。潮汐运动和月亮运动对应，潮汐周期为月亮由上中天到下中天或由下中天到上中天的时间。两个潮汐周期正好等于一个太阴日。这个周期决定于地球自转、公转以及月球公转。我国殷代甲骨文就有干支记日、朔望记月、回归记年。我国历法发展很早并且使用阴阳历，兼顾太阳和月亮的视运动。为了安排好农事等，殷代就有闰月。春秋时已有置闰规则，从而较精确地计算出地球和月球间运动的数量关系。殷商时产生、发展起来的天命论认为日食、月食是不祥之兆，故古代对它们的预测十分重视。我国不仅有世界最早的日食、月食记录，而且十分重视日食、月食的预报。这也不断提高了天文历算的精度。唐宋时历法已有很大进步。开元十五年一行制订《大衍历》，此历有多方面进步，其中与潮汐计算特别密切的日食（日食必在朔）计算就十分精确。当时有人根据灵台实测校验，比较《大衍历》《麟德历》和当时从印度传入的《九执历》推算日食的精确性，结果《大衍历》有七八次，

---

① 李约瑟．《中国科学技术史》．第四卷．第780页．北京：科学出版社．1975年．

《麟德历》有三四次，而《九执历》只有一两次准确。

　　燕肃后，实测潮汐表迅速发展起来，而理论潮汐表却未见明显进步。潮时推算方法基本是张君房、燕肃的方法，只是潮时逐日推迟数据有所改动：北宋余靖《海潮图序》定为"三刻有序"；南宋马子严《潮汐说》定为"三刻三分刻之一"；南宋朱中有《潮赜》定为"四刻"，似更笼统。

二、可靠方便的实测潮汐表

　　中国古代潮汐学家大多进行过验潮工作，潮汐论著也大多有潮候内容。广大渔民、水手长期在固定海区中活动，更重视制订出各种各样方便易用且更符合本海区潮候的实测潮汐表。古代沿海地方志中常记载有潮汐表和潮候谚语。其中，一些潮汐表被刻成石碑立于港口，供人使用。清光绪《平湖县志•山水》记载："宋元时，凡东南泽国潮汐之候，官榜于亭以便民。"明代郎瑛《七修类稿•潮候歌》记载："浙江潮候四季不同，今官府榜于亭。"

（一）经验潮候

　　生活在沿海的原始人常靠退潮后在海滩上采集海洋生物为重要食物。他们对上潮、退潮时间总得有大致的掌握。因此经验潮候的积累开始于原始族群的海洋采集，即赶海活动。

　　几千年的赶海和世世代代的海洋活动，人们逐渐积累起对潮候的本质认识，这就是潮汐往来有信。《周易》坎卦的经文"习坎有孚"可能已包括潮汐不失其时现象。公元前1世纪《易纬乾坤凿度•主坎离震兑四正》说："水为天地信，顺气而潮。潮者，水气来往，行险而不失其信者。"这更明确说明潮汐到来是有确定时间的。唐代诗人李益《江南曲》："早知潮有信，嫁与弄潮儿。"[①]此诗句反映了中国古代对潮汐有确定时间的一种普遍性认识。还应当认为这种"潮有信"的记载，是指可用于等待的具体时间。

经验潮候主要是以生物潮钟知识和潮谚形式在民间存在，而民间口头形式很难被记载保存下来，故已无法考证清楚。

1.生物潮钟知识

在中国古代浩如烟海的文献中，有着大量关于海洋自然灾害和自然异常现象的记录。其中不乏生物潮钟现象的内容，为此我们专门汇编《动物应潮》年表[②]，反映出中国古代经验潮候的认识水平。

根据已有记载，生物潮钟知识可分三类：

（1）贝类、蟹类

海滩生态环境很特殊，潮未来时，这里暴露在空气中，潮来后，这里全在水下，生活在这里的贝类、蟹类等海滩动物有着明显的应潮现象。有较多记载的是一种名叫招潮的小蟹。如《临海异物志》记载："招潮小如彭蜡，壳白。依潮长背坎外向举螯不失常期，俗言招潮水。"又有一种小蟹叫"数丸"，《酉阳杂俎》卷十七记载："数丸，形如蟛蜞，竞取土各作丸。丸满三百而潮至。"还有固定在海边石头上的牡蛎，完全依靠潮水供应食物。《岭表录异》卷下记载："蚝即牡蛎也……每潮来，诸蚝皆开房，见人即合之。"

（2）潮鸡

生物钟现象一般不认为是异常现象，但潮鸡的应潮现象是半太阴日周期，便是异常现象。潮鸡现在几乎极少提到，但古代记载不算少。如

---

① 李益. 《江南曲》. 载郭茂倩. 《乐府诗集》. 第一册第二十六卷. 北京：中华书局. 1979年.

② 《动物应潮》年表. 载宋正海、孙关龙等主编. 《中国古代重大自然灾害和异常年表总集》. 广州：广东教育出版社. 1992年.

《临海异物志》记载："石鸡清响以应潮。"[①]

（3）海牛皮应潮

没有生命力的被剥离的干海牛皮竟有应潮现象，这在古籍中有多处记载。三国时吴国陆玑的《毛诗草木鸟兽虫鱼疏•象弭鱼服》提到一种鱼兽（海兽）之皮，干之经年，每当天阴及潮来，则毛皆起。若天晴及潮还，则毛伏如故。晋代张华《博物志》也提到："东海中有牛鱼，其鱼形如牛，剥其皮悬之，潮水至则毛起，潮水去则复也。"对此现象，五代时潮汐学家邱光庭解释："鱼兽之毛起伏者，非识天之阴晴及潮之来去，盖自应气之出入耳。毛起者，气出也，气出则地下而潮来。毛伏者，气入也，气入则地上而潮落。鱼兽之毛，一昼一夜，两起两伏，足以验真气之两辟两翕矣。"他还用此作为自己潮论的一个佐证。

既然海牛皮的半太阴日周期的应潮现象古代有多处记载，因而我们也不能轻易否定其存在性，甚至认定是古人编造的。对于这类未知现象，现代的科学工作者似应重视。如果经严格检验证明此现象存在，那么这就对现代科学提出了如下问题：一是死去的生物体似乎不应有生物钟现象，那么干海牛皮的应潮现象，能否还称"生物钟"或"生物节律"？二是干海牛皮如何会有这种现象？

2.潮谚

潮候谚语是广大水手、渔民在世代活动中得到的认识，产生很早。由于顺口、易记、使用方便，所以长期流传，但也只是在民间流传，很少被记载下来。目前流传的谚语，有的可能源远流长，可惜已无法考证清楚。不管怎样，潮谚是实测潮汐表的一种原始形式。

潮谚在中国古代不同海区均有，1978年中国古潮汐史料整理研究小组对此进行了收集整理。其中半日潮潮谚占主要比例。潮谚有繁有简，

[①]《临海异物志》．转引自《太平御览》卷六十八．

一般比较简单。例如：

浙江省宁波一带有"月上山，潮涨滩"谚语。指月亮出来以后，潮水才开始上涨，逐渐把海滩淹没。

上海一带有"初一、月半午时潮"。

明代台湾海峡的福建漳州一带有"初一、十五，潮满正午。初八、二十三，满在早晚。初十、二十五，暮则潮平"。今日在台湾西部沿海仍有相似潮谚："初一、十五，潮至日中满。初八、二十三，满平在早暮。初十、二十五，暮则潮平。"

潮谚中较复杂的为潮候歌。例如：

浙江一带有《潮涨歌》："寅寅卯卯辰，初一轮初五；辰辰巳巳子，初六初十数；子子丑丑寅，十一挨十五。"此歌形式类似于赞宁的潮候口诀。

上海一带有《潮候歌》："十三并二十七，潮长日光出。二十九、三十日，潮来吃昼食。十一、十二，吃饭不及。二十五、二十六，潮来晚粥。"这首歌把一月中一些不易记忆的潮候和最平常的吃饭时间配合起来，便于记忆。

（二）实测潮汐表的产生

成文的实测潮汐表易保存下来。唐代封演少居淮海，日夕观潮，写有《说潮》。此文指出："大抵每日两潮，昼夜各一。假如月出潮以平明，二日三日渐晚，至月半，则月初早潮翻为夜潮，夜潮翻为早潮矣。如是渐转，至月半之早潮复为夜潮，月半之夜潮复为早潮。凡一月旋转一匝，周而复始。虽月有大小，魄有盈亏，而潮常应之，无毫厘之失。"这里封演通过实际观察，详尽清晰地描述了一朔望月中潮时的逐日推移规律。他实测得到的潮时情况和窦叔蒙用天文历算法得到的涛时图内容有异曲同工之妙。因此，在唐代我国潮汐学已从理论和实践两个方面同时较好地揭示了一朔望月中潮时变化规律。

实测潮汐表比理论潮汐表的最大优点是反映了由于地理因素（岛屿分布、海岸河口形态、海底深浅等）造成的潮汐迟到现象，以及这种现象形成的"高潮间隙"。因此，实测潮汐表比理论潮汐表更适用于具体海区或港口。

实测潮汐表有两种，反映着发展的不同阶段。第一种，虽然潮候资料来源于观测，但由于观测并不精确，并且在有意无意地去附和月亮运动或已有的理论潮汐表，所以并没有反映出高潮间隙。封演《说潮》中阐述的潮候，虽说来源于"日夕观潮"，但实质上只是满足于"虽月有大小，魄有盈亏，而潮常应之"这类已有理论成果。第二种是发现了潮汐迟到现象，明确感到理论潮汐表在实际使用时不合适，因而进行精确验潮而得到的实测潮汐表。这类表的潮候已包含了高潮间隙的修正值。显然我们应重点讨论这后一种实测潮汐表的产生。而这种讨论，又必须首先讨论高潮间隙现象的发现。

高潮间隙现象的发现可追溯到东汉。王充在《论衡•书虚篇》谈到"涛之起也，随月盛衰"之后，紧接着又说"大小、满损不齐同"。这说明王充已发现潮汐的大小与月亮满损虽大致对应，但并不齐同，而是略有间隙。这一发现与公元前1世纪罗马普利尼（Pliny the Elder）在《自然史》中提出的高潮间隙现象是差不多同时的。王充之后，唐代窦叔蒙在《海涛志》中谈到理论潮时与实际潮时的比较后说，虽"不违大信"，但也"谬小准"，这说明中国在汉唐时对高潮间隙现象已有某种程度的发现。

唐代还发现了另一种周期较大的潮汐迟到现象，即一年或一朔望月中大潮相对于月亮运动也有迟到现象。《海涛志》指出，春秋大潮并非在二月、八月的初一和十五，而是在其后的初三和十八。李吉甫指出每年八月十八（非十五）潮水最大，并指出一朔望月中的大潮和小潮均推迟约三天。《元和郡县志•钱塘》指出：钱塘江"江涛每日昼夜再上，常以月十日、二十五日最小；月三日、十八日极大。小则水渐涨不过数尺；大则涛涌至数丈"。

唐代也有人对大潮在十八日而不是在十五日的现象产生了兴趣。卢肇《海潮赋》提出潮汐学上的14个问题中的第4个便是："十八日何故更大也？"他自己的回答引用了东晋葛洪提出的潮汐"势"的概念，指出，潮汐的"势由望而积壮，故信宿而乃极"，即潮汐能量在十五之后仍在增加，到十八日才最大。这种认识是正确的也是先进的。唐代发现的这种潮汐迟到现象虽非一般实测潮汐表中所说的高潮间隙，但也暴露了理论潮汐表的局限性，这对实测潮汐表在唐以后的崛起也是有促进作用的。

北宋出现了完整的潮候口诀，记载有一朔望月中各天的潮汐时间。较早的是10世纪时赞宁的潮候口诀。赞宁为五代吴越国和宋初的名僧，出家杭州灵隐寺。吴越王钱镠署为两浙僧统。赞宁对钱塘江杭州段潮候有研究，元末明初陶宗仪在《南村辍耕录·浙江潮候》中记载赞宁制订的五言绝句式的潮候口诀："午未未未申，申卯卯辰辰，巳巳巳午午，朔望一般轮。"这15个时辰依次代表一至十五日每天的日潮高潮时辰，并重新轮回，依次代表十六到三十日的日潮高潮时辰。陶宗仪在谈及赞宁口诀时又指出："夜候则六时对冲，子午、丑未之类。"根据这一对冲原理，就可知赞宁口诀可包括这样一个夜潮口诀："子丑丑丑寅，寅酉酉戌戌，亥亥亥子子，朔望一般轮。"

清代周春《海潮说》下篇里认为，赞宁口诀"但言春秋昼候而未及其余也。明代郎仁宝《七修类稿》又衍夏候、冬候"。郎仁宝即郎瑛，浙江仁和(今杭州)人。他的《七修类稿》记载的潮候口诀就比较全，包括四季潮候，分为三段："春秋昼歌云，午未未未申，寅卯卯辰辰，巳巳巳午午，春秋一般轮"；"夏歌云，午未未未申，寅寅卯卯辰，辰巳巳午午，夏日要分明"；"冬歌云，午未未申申，寅卯卯辰辰，巳巳巳午午，朔望冬日行"。这里的春秋潮候口诀，初六为寅时，而赞宁口诀中则为申时，两者有所不同。

春秋同					夏					冬				
初一	十六	午末	大	夜子正	初一	十六	午末	大	夜子正	初一	十六	午末	大	夜子初
初二	十七	未初	大	夜子末	初二	十七	未初	大	夜子末	初二	十七	未正	大	夜子末
初三	十八	未正	大	夜丑初	初三	十八	未正	大	夜丑初	初三	十八	未末	大	夜丑初
初四	十九	未末	大	夜丑末	初四	十九	未末	大	夜丑正	初四	十九	申初	大	夜丑末
初五	廿十	申正	下岸	晚寅初	初五	廿十	申初	下岸	夜丑末	初五	廿十	申正	下岸	夜寅初
初六	廿一	寅末	渐小	晚申末	初六	廿一	寅初	小	晚申正	初六	廿一	寅末	渐小	晚申末
初七	廿二	卯初	渐小	晚酉初	初七	廿二	寅末	小	晚申末	初七	廿二	卯初	小	晚酉初
初八	廿三	卯末	渐小	晚酉正	初八	廿三	卯初	小	晚酉初	初八	廿三	卯末	小	晚酉正
初九	廿四	辰初	小	晚酉末	初九	廿四	卯末	小	晚酉正	初九	廿四	辰初	小	晚酉末
初十	廿五	辰末	交泽	晚戌正	初十	廿五	辰初	交泽	晚酉末	初十	廿五	辰末	交泽	夜戌初
十一	廿六	巳初	起水	夜戌末	十一	廿六	辰末	起水	夜戌初	十一	廿六	巳初	起水	夜戌正
十二	廿七	巳正	渐大	夜亥初	十二	廿七	巳初	渐大	夜戌末	十二	廿七	巳正	渐大	夜戌末
十三	廿八	巳末	渐大	夜亥正	十三	廿八	巳正	渐大	夜亥初	十三	廿八	巳末	渐大	夜亥初
十四	廿九	午初	渐大	夜亥末	十四	廿九	午初	渐大	夜亥末	十四	廿九	午初	渐大	夜亥正
十五	三十	午正	极大	夜子初	十五	三十	午末	极大	夜子初	十五	三十	午正	渐大	夜亥末

表4-1 《浙江四时潮候图》

赞宁潮候口诀之后，钱塘江的实测潮汐表是北宋至和三年（1056）吕昌明编制的《浙江四时潮候图》[①]。（见表4-1）此潮汐表由春秋、夏、冬三个分表组成。周春《海潮说》认为："宋《咸淳临安志》有四时潮候图，盖即赞宁之法。"并指出《浙江四时潮候图》是赞宁潮候口诀的直接发展，这个判断是有道理的。我们可以把《浙江四时潮候图》春秋分表拿来与赞宁口诀比较。如果把时间划分略粗些，一时辰内不再

[①] 吕昌明．《浙江四时潮候图》在古籍中收录较多，如《淳祐临安志》卷十；《咸淳临安志》卷三十一；嘉靖《仁和县志·水利》；嘉靖《海宁县志·祥异》；清《海塘录》卷二十等书．

97

划分为初、正、末三段，那么就可以把春秋分表改写成潮候口诀："午未未未申，寅卯卯辰辰，巳巳巳午午，朔望一般轮。"这和赞宁口诀基本相同。两者只有初六这天潮候不同，一为寅时，一为申时。关于申时潮和寅时潮，并非潮时不同。申和寅是六时对冲。一天中的两次潮，彼此相差6个时辰，一次是寅时潮，另一次便是申时潮。所以上述的潮候不同只是如何划分日潮和夜潮问题。《浙江四时潮候图》中，日潮和夜潮的划分是有季节差异的。早晨3点多的寅初潮在夏季为日潮，在其他季节为夜潮。相对冲，下午4点的申正潮在夏季为夜潮，而在其他季节为日潮。关于这种不同季节的不同划分，《七修类稿•潮候歌》有明确的解释："潮时之时固一定也。而冬夏日之长短，又当意会而消息之。如夏时之昼，日未出前二刻半，天已明矣。晚则日已入后二刻半，天尚未暝，皆属乎昼。冬日反是。"日潮、夜潮的具体界限略有变动是非本质的，因此从本质看，《浙江四时潮候图》确是赞宁潮候口诀的直接发展，其发展和进步表现在：（1）划分四季之不同，分别列表；（2）时间分划较小，精度增加；（3）出现潮高的描写，如用"起水"、"渐大"、"大"、"下岸"、"渐小"、"小"、"交泽"等定性指标进行描述。

赞宁潮候口诀中，潮候以时辰为最小时段，而一时辰比潮汐逐日推迟数的两倍还大，因此很难在精度上显示实测潮汐表的优越性，只是使用显得方便。《浙江四时潮候图》由于时间分划较小，精度增加。如果把《浙江四时潮候图》春秋季分表中的各次实测潮时转绘到理论潮汐表《窦叔蒙涛时图》上，就可明显看出实测潮时点的分布与理论潮时线并不重合，存在着规律性的偏差，显示了《浙江四时潮候图》作为实测表在时间上的正确性。

元末宣昭在杭州做官，由于杭州是一郡首府所在，又靠江临海，商人聚集，船舶集中。当时正值战争，军队和信使渡钱塘江十分频繁。各种船舶往来都需要了解潮时以避钱塘江怒潮。为此宣昭四处寻求正确的潮汐表。他"考之郡志，得四时潮候图，简明可信，故为之志而刻之于浙江亭之壁间，使凡行李之过是者，皆得而观之，以毋蹈夫触险躁进之害，亦庶乎思患而预防之意云"。[①]这郡志中所得四时潮候图，应是宋代《临安志》中的《浙江四时潮候图》。浙江亭在今杭州六和塔附近江边，今无存。

（三）潮汐迟到现象与对理论潮汐表的修正

特别要提到，在实测潮汐表的发展上起重要作用的还有北宋的余靖和沈括。余靖《海潮图序》在谈了东海海门（今江苏启东县）潮候后说："此皆临海之候也，远海之处，则各有远近之期。"指出了潮候与地理远近有关系。沈括，钱塘（今杭州）人，著有《梦溪笔谈》，总结了我国古代的科技成就。《梦溪笔谈·补笔谈·象数》说："予常考其行节，每至月正临子、午，则潮生，候之万万无差，此以海上候之，得潮生之时。去海远，即须据地理增添时刻。"沈括在这里给现在所说的"港口平均高潮间隙"（简称高潮间隙）明确下了定义，并且强调在理论潮汐表的使用中必须进行一定的地理修正。这就促使实测潮汐表的制订走上有理论指导的自觉道路，从而促进了明清实测潮汐表的大发展。

唐宋潮汐表比欧洲潮汐表出现早得多。李约瑟在谈到1056年的《浙江四时潮候图》时说："大英博物馆所藏的手稿中，有载明'伦敦桥涨潮'时间的13世纪潮汐表可与此相比。在欧洲，这是最早的表。"此伦敦桥涨潮表的具体时间是1250年，《浙江四时潮候图》比它要早近两个世纪。至于《窦叔蒙涛时图》比它则要早5个世纪。东汉琼州海峡两岸马援的潮信碑则比它要早14个世纪。因此李约瑟说："潮汐表的系统编制，中国人显然要早于西方。"[②]

---

① 宣昭. 《浙江潮候图说》. 载《海塘录》卷二十.
② 李约瑟. 《中国科学技术史》. 第四卷. 第786页. 北京：科学出版社. 1975年.

宋代实测潮汐表的崛起，并非偶然。首先它与航海的发展是分不开的。宋代潮汐学家赞宁、燕肃、余靖、吕昌明等人，大都在现在的浙江、福建、广东等地验潮，就是因为东南沿海是当时国内沿海航线和中外远洋交通最繁忙的地区，迫切需要可靠方便的潮汐表。正是在社会要求下，宋代的实测潮汐表才得到重视。因此，宋代的潮汐学研究主要不是哲学家、思想家兼任的，而是关心地方经济的人兼任的，有的本身就是地方行政官员。他们为了发展东南沿海地区的经济而注意潮汐并亲自去验潮。所以，他们不再满足于纯思辨性的潮汐成因理论研究，也不再完全满足于由天文历算方法得到的天文潮时和理论潮汐表。他们在潮汐研究中注重验潮，引进了实地考察自然的好风气。他们注意科学的社会效果和实用途径，从而制订了一个个更实用的潮汐表。

（四）实测潮汐表的发展

明、清时，沿海地区经济迅速发展，海洋活动广泛。不同海区急需适合本海区的潮汐表。于是，实测潮汐表全面迅速地发展起来。这些表在明、清沿海地方志中有较多的记载。但1056年以后，理论潮汐表已没有进展。

中国近海的潮汐，主要是由太平洋传入的潮波形成的。但不同海区潮汐现象差异很大。大体来说，渤海、黄海、东海潮汐性质相近，以半日潮为主，潮差较大，潮流强盛。南海潮汐以全日潮为主，潮差和潮流均不及前述海区。另外，还有介于二者之间的不规则全日潮、不规则半日潮类型。

关于近海存在有不同类型潮汐现象，古人也早已指出。晋代《裴渊广州记》划分了南海的全日潮和半日潮，指出："石洲在海中名为黄山，山北日一潮，山南日再潮。"[①]燕肃研究过全日潮区（合浦郡）、混

---

① 《裴渊广州记》，载《汉唐地理书钞》．

合潮区（雷州）和半日潮区（明州）的潮汐。在这些海区，他"朝夕观望潮汐之候者有日矣……十年用心，颇有准的"。其后，余靖《海潮图序》又分别叙述了"东海之潮候"和"南海之潮候"。南宋周去非《岭外代答•地理门》指出："江浙之潮，自有定候。钦廉则……日止一潮。琼海之潮，半月东流，半月西流……不系月之盛衰。"江浙沿海是典型半日潮，钦廉在北部湾是典型全日潮，琼州海峡是混合潮。不同潮汐类型海区需要完全不同的潮汐表。

1.半日潮区潮汐表

我国由于半日潮区范围很广，又是海洋经济活动频繁地区，所以实测潮汐表数量大、类型复杂。除谚语外，还有表和图两种。

以表的形式来表示潮汐时间，在沿海地方志中很普遍。《浙江四时潮候图》就是个典型。明弘治《常熟县志•地理•潮候》、清康熙《重修镇江府志•山川》中的潮汐表与此大同小异。

明弘治《长乐县志•词翰》中的潮汐表直接为长乐—福州间的交通服务，所以并不注明潮时，而只注明与潮汐密切相关的开船、回船时间。

一些至今流传的潮候歌，按顺序叙述了一朔望月各日的潮候时辰，如吴淞潮歌、澳门和九龙一带的潮候歌。这样的潮候歌实与《浙江四时潮候图》相似，只是以口头形式流传而已，当然也可能以手抄本形式记载于更路簿中。由此可见，正规的实测潮汐表与潮候歌、与潮谚在内容上有着密切的关系。

为了使用方便，古代常有直观的潮候图。在半日潮区这样的图常有12格，分别表示一天中的12个时辰。张君房《潮说》认为，潮汐"差二日半行一时，一月一周辰位"。既然两天半差一时辰，而图中又不能把一天分成两部分，分别放入两个辰位内。因此，编这种图的一个基本技术处理是相近两个辰位，一个放两天，一个放三天。这样潮汐差五日行两时辰，等于"差二日半行一时辰"。一般规定阳时管三日，阴时管二日，即子、寅、辰、午、申、戌安排三日，丑、卯、巳、未、酉、亥安排二日。

清代在台湾海峡使用三张潮汐图，即"潮长图"、"潮满图"、"潮汐图"，三者间有内在连续性，它实际上代表了潮候发展的三个阶段。

推算一朔望月中各日开始涨潮时辰用《潮长图》。（见图4-3）其推潮长法以初一、初二日，加于卯位，左旋顺数至寅而止。由此可知，初八潮长在午时，二十二日在亥时，二十八日在寅时。

巳		午			未		申	
初六	初七	初八	初九	初十	十一	十二	十三	十四 十五
辰							酉	
初五	初四 初三		潮				十六	十七
卯			长				戌	
初二	初一		图				十八	十九 二十
寅		丑			子		亥	
三十	二十九 二十八	二十七		二十六	二十五	二十四 二十三	二十二	二十一

图4-3 《潮长图》

推算一朔望月中各日高潮时辰用《潮满图》（见图4-4）。推潮满法以初一、初二日，加于巳位，左旋顺数至辰而止。由此可见，初五高潮在午时，十四日在戌时，二十六日在卯时。

《潮长图》和《潮满图》形式一样，只是差两个辰位而已。由此可见，两图可综合成一个《潮汐图》（见图4-5）。古代把一个潮汐过程，即潮汐周期等分成：长、长半、满、退、退半、涸六个阶段，每个阶段约历时一个时辰。图中所示是初一、初二的潮汐过程：卯长、辰长半、巳满、午退、未退半、申涸。至于其他日期的用法，是先确定该日在图中的位置，此位置即此日的潮长时辰，然后依长、长半、满、退、退半、涸六段顺时针方向旋转就可了解各段的时辰了。例如阴历二十四日，子长、丑长半、寅满、卯退、辰退半、巳涸。

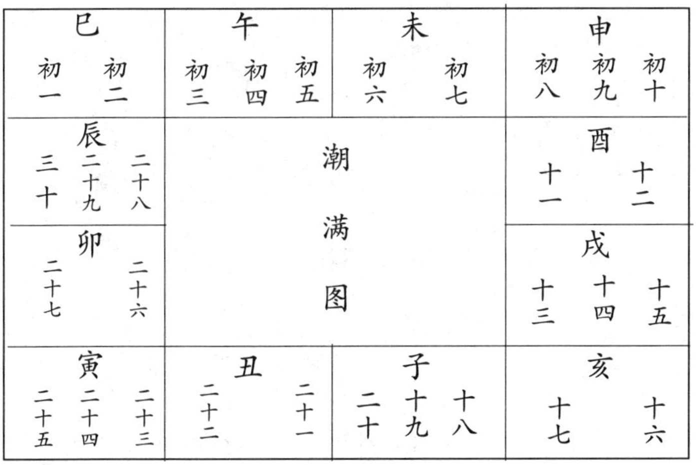

巳 初一 初二	午 初三 初四 初五	未 初六 初七	申 初八 初九 初十
辰 三十 二十九 二十八			酉 十一 十二
卯 二十七 二十六	潮满图		戌 十三 十四 十五
寅 二十五 二十四 二十三	丑 二十二 二十一	子 二十 十九 十八	亥 十七 十六

图4-4 《潮满图》

巳（满）初六 初七	午（退）初八 初九 初十	未（退半）十一 十二	申（涸）十三 十四 十五
辰（长半）初五 初四 初三			酉（长）十六 十七
卯（长）初二 初一	潮汐图		戌（长半）十八 十九 二十
寅（涸）三十 二十九 二十八	丑（退半）二十七 二十六	子（退）二十五 二十四 二十三	亥（满）二十二 二十一

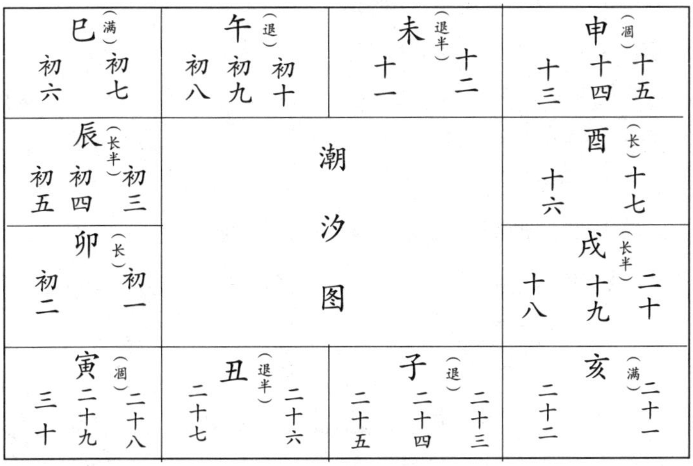

图4-5 《潮汐图》

103

为了说明《潮长图》、《潮满图》和《潮汐图》三者的关系，也为了检查一下清代这类潮候图的预报精度和使用价值，我们特绘制了一朔望月中初一、初二、初三这三天的《清代<潮汐图>与实际潮汐过程比较图》。（见图4-6）

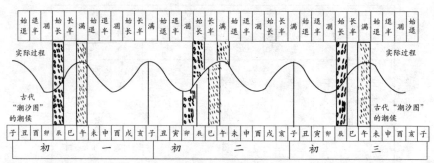

图4-6　《清代<潮汐图>与实际潮汐过程比较图》

　　此比较图中的正弦曲线是实际的潮汐过程曲线。这是根据《潮汐图》上初一的潮汐过程，再按潮汐逐日推迟规律绘出初二、初三的潮汐过程，完成三天的实际潮汐过程曲线。然后再用记载《潮汐图》的古籍中所列零星的实测的更精细资料，如初一巳时初四刻水满（注：古代每一时辰分初、正两部分。这两部分各自又分初刻、一刻……四刻五小段。巳时初四刻相当于9时45分36秒～10时正）、初三午时初三刻（注：午时初三刻相当于11时31分12秒～11时45分36秒）水满等来校正。然后，再按实际起伏将一潮汐过程等分成长、长半、满、退、退半、涸六段。在此比较图中，曲线上部的柱状位置表示实际潮汐情况，而曲线下部的框状位置则表示《潮汐图》所标明的潮汐情况。于是可以进行比较分析，并得出有关古代潮汐图的下列情况：

　　《潮长图》《朝满图》《潮汐图》只标明一天两次潮汐中的一次的潮汐过程时间。因此要了解另一次潮时，就得采用六时对冲方法来推算。如初四一次潮从辰开始推算，那另一次潮就从戌开始推算。十七日一次潮从酉开始推算，则另一次潮就从卯开始推算。

清代这类潮候图，两天或三天位于同一辰位，因此必定有一两天的潮候有较大误差。但从比较图中可以看出，这类误差也不到半个时辰，而且误差也不会积累，过两三天会自动消除。一个月初一开始重新使用此表，误差又从零开始。不仅如此，古人也开始注意解决误差问题。乾隆《凤山县志》在介绍《潮汐图》时，在描述一些高潮时，已补充用了更小的分划。现在有人认为古代这种潮汐图用起来方便，只要略作改进便可以在当今民间推广，以作为现代潮汐表的一个补充。[1]这个古为今用的想法是正确的。

在清代台湾海峡潮候图中，有一种更简便的《潮候掌图》。（见图4-7）此图只是用手掌代替画纸上的《潮汐图》而已。原理如图，一目了然。

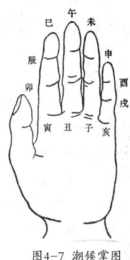

图4-7 潮候掌图

2.全日潮区潮汐表——北部湾

北部湾是典型的全日潮海区。中国古代对此海区的钦州（今广西钦州）、廉州（今广西合浦）的潮候早有研究。北宋燕肃专门研究过合浦

① 李文渭.《我国古代一种推算潮时的方法——指掌定位算潮法》,《海洋科学》. 1979年第1期.

的全日潮。南宋周去非《岭外代答•潮》指出："钦廉则朔望大潮，谓之'先水'，日止一潮，二弦小潮，谓之'子水'，顷刻竟落，未尝再长。"

3.混合潮区潮汐表——琼州海峡

琼州海峡的潮汐、潮流十分复杂。"全日潮波在琼州海峡是自东向西传播，因此涨潮流向西流，落潮流向东流。至于海峡中的半日潮，它的传播方向和全日潮相反，即自西向东传播。由于除海峡东口外，整个海峡的全日潮的振幅远大于半日潮的振幅，因此海峡中部、西部为全日潮区，半日潮影响甚小"，而"琼州海峡东口为不规则半日潮"[1]。古代横渡琼州海峡路线，为雷州半岛的海安至海南岛的海口。此路线接近全日潮区和半日潮区的分界线，因此为复杂的混合潮区。所以，必须有专门的潮汐表。这里的潮汐表产生很早。咸丰《琼山县志•海藜》转载《旧志》记载："伏波将军马援，定为某日潮长则西流，潮退则东流，皆有时刻，勒石二岸，示人渡海。但今验之，每过一二时，毋亦年久渐差乎。"可见此琼州海峡两边的潮信碑，为我国目前所知最早的潮汐表。此表曾长期存在，但今已不知所记具体潮候。

明代王佐《潮候论》专门记述了琼州海峡潮候。王佐，琼州府临高县（今海南临高）人，字汝学，号桐乡。正统中期中举于乡。历任高州、邵武、临江三府同知，著有《鸡肋集》《经籍目略》《原教篇》《庚申录》《琼台外纪》《珠崖表录》等。卒年85岁。《潮候论》记载："今《方舆胜览》据琼俗说，而无所发明。琼旧志袭余襄公说而殊无意见，皆不能曲尽琼海潮候之详，故叙所见如此云。"由此可见，自北宋余靖《海潮图序》直到明代王佐《潮候论》，琼州海峡用的潮汐表一直是余靖在武山（今广东东莞市西南）验潮后制订的。余靖在《海潮

---

① 陈宗镛等. 载《海洋潮汐》. 第148页. 北京：科学出版社. 1979年.

图序》中说："尝候于武山（广州望舡之处），月加午而潮平者，日、月合朔则午而潮平，上弦则日入而平，望则夜半而平，上弦以前为昼潮，下弦以后为夜潮。月加子午而潮平者，日、月合朔则夜半而潮平，上弦则日出而平，望则而平，上弦以前为夜潮，下弦以后为昼潮，此南海之潮候也。"[①]由此可见，这只是半日潮潮候。琼州海峡虽属南海，但与余靖所描述的武山潮候并不同。所以王佐《潮候论》评述"襄公之说固善矣，然海南潮候实则不同"。所以，余靖的潮汐表尽管在琼山一直被沿用，但并不合适，人们也已感到它"不能曲尽琼海潮候之详"了。至于王佐所说的"琼俗"，即指在当地航行的渔民、水手中所流传的琼海潮汐表，虽然可能比余靖的较接近实际些，但仍然不能令人满意。因此，王佐介绍了新的琼海潮汐表。

王佐《潮候论》指出，琼海潮候十分复杂，"但准《授时历》长、短星日期为定候，而二星实与潮候暗契暗合，未尝差爽毫末者"。其实长、短星之说不仅可追溯到元代由王恂、郭守敬等人编制的《授时历》，而且可上溯到南宋。周去非《岭外代答》已指出："琼海之潮，半月东流，半月西流，潮之大小，随长、短星，初不系月之盛衰。"《潮候论》又指出："二星每月内推移无定日，而潮水消长从之。自合朔历上弦前后为长星潮；自望历下弦前后为短星潮。逼星前后则潮长，至极渐过，远则潮渐小至尽而将尽。老潮亦常与方来稚潮（注：初生的小潮）相接。逐日轮转，如环无端。若春、夏二季，则星未至前三日新稚潮初生，逐日长大，至星日而极。过后二三日则渐退，虽日有消长，而水痕递减一分，减极，以至后星将近，则潮水不消不长……此是新稚潮初来，与旧老潮相逼而然。及乎前星老潮退尽，而后星新潮复来，长消同前。秋冬二季又与春夏不同，星过后三日，新潮方生，又逐日长大，以至太极而之，以复消长亦同前。但

---

① 王佐.《潮候论》. 载《中国古代潮汐论著选译》. 北京：科学出版社. 1980年.

春、夏潮长在长、短星前，秋、冬潮长在长、短星后。二星所临前后，即为潮大之期，不拘朔望与上下弦也。长则西流，消则东流。日有消长，又不拘于半月也。"

其实长、短星是方术家虚构的值日星宿，过去历书中采集编入以定南海潮候。南海潮候十分复杂，究竟是随长、短星还是系月之盛衰，后世是有争议的。如屈大均《广东新语》卷四认为："琼州潮……大抵视月之盈虚为候。以为随长、短星者妄也。"而《南越笔记·琼州潮》仍认为："琼州潮……其大小之候，随长、短星，不系月之盛衰。"

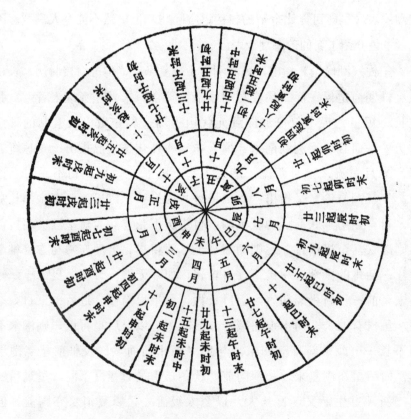

图4-8 《倪邦良流水指掌图》

108

　　清代李调元《南越笔记》中记载有《倪邦良流水指掌图》。（见图4-8）倪邦良，乾隆二十八年曾任琼州府安定县知县。他翻阅当地水手们使用的流水簿，发现其中所载的琼州海峡潮候表比原有海口《天后庙碑》所载潮候表正确。《天后庙碑》说："十六、七、八、九四日，伏流，可渡，至中流始有怒涛，乃东西合流处所，所谓中洋合窠浪也。过此可勿戒心。如风大则半日可渡。又岁三月二十三日，天妃渡海南，必有北风，舟楫宜候之。以是日须臾可渡。"[①]倪邦良决定采用流水簿中的潮候表，以"便于渡海者"，但又因"舟师流水簿，繁不胜记，因撮其要列"绘成《倪邦良流水指掌图》。

　　琼州海峡潮流不仅天天有，而且还有一个近半个月的起流（涨水）周期。图中所示为一年各次起流时间。《南越笔记》记载："每月两次起新流，相距十四日。如十一月十三日起流，二十七日又起流是也。惟四月、十月则新流三次，其逐月争差，各缩二日退一时，俱逆算。如十一月十三、二十七起子，十二月十一、二十五起亥是也。三、九月之初四、十八，十月之初一、十五，则缩三日。而流在上半月者，则起时末，在下半月者则起时初。惟四月、十月之十五，流时起中。其起新流之前三日，俱伏流，每日一次，流东四个时辰，便退西。其逐日争差各半个时，历两日差一时，俱顺算。如十一月十三起子末，十四起丑初，十五起丑末是也。若遇闰月，则以上半月照前月下半月，以下半月照后月上半月。又海口比海安流早半个时辰，海口琼地，海安雷地。"

---

① 《南越笔记·琼州潮》.

第五章

独有的潮汐文物

涌潮又称怒潮，而中国的怒潮为天下奇观，使观潮者惊心动魄。历史上留下许多脍炙人口的诗词歌赋和传说。同时也不免产生神秘的解释，产生了潮神的故事。其实钱塘江怒潮所以如此大并不全是单一的涌潮，在夏末秋初台风季节，风助潮威，又叠加了风暴潮，这就形成严重的潮灾。在严重潮灾面前，有两种不同态度并存：一种是主动抗争，如建筑起宏伟的滨海长城——海塘和潮闸等，这在中国古代潮汐文化中是主流；另一种是消极的，建子胥祠、海神庙，祭潮神，搞镇水神物等。由于这两种潮汐文化的长期发展，就留下了特有的潮汐文物。

一、滨海万里长城——江浙海塘

与潮灾斗争，是古代人民为保卫沿海农业区，保卫生命财产，进行减灾活动的一场严酷斗争。尽管历代为祈求海晏，有着不少宗教和迷信活动，但人们更清楚，最有效的方法还是自己抗争。沿海人民为保卫自己家乡和农业经济不受海潮入侵，像北方地区人民为保卫自己家乡和农业经济而修筑起万里长城那样，修筑起滨海万里长城——海塘。万里长城在交通要冲处设立雄关，滨海长城在入海河口处也常设立潮闸。由此可见，海、陆两座"万里长城"，不仅在保卫人民的生命和农业经济这个中国传统文化内涵上是一致的，而且在形式上也有类似之处。

《江浙海塘建筑史》认为，海塘、万里长城、大运河堪称中国古代三项伟大工程，其规模之大、工程之艰巨、动员人数之多是十分惊人的①。中国古代海塘遍布沿海，但以江浙海塘最为宏伟。这里发源起汹涌的钱塘江怒潮。北半球向右偏转的地转偏向力更使上溯的钱塘江潮加强了对钱塘江左岸海宁等处海塘的冲击②。夏秋台风频繁活动之际，这里又是风暴潮灾最严重地区之一。但钱塘江三角洲经济开发很早，杭嘉湖平原自古就是著名的江南鱼米之乡。所以这里海塘所起的作用无疑十分重要。在多次巨大潮灾中，海塘时被冲垮，历代人们通过不断总结经验和教训，筑塘技术水平迅速提高，工程规模十分宏大。江浙海塘已成为中国古代人民与潮灾顽强斗争，并取得巨大胜利的象征；同时也展示了中国沿海人民与潮灾斗争的基本历程和中国海塘工程的水平。③

原始海塘十分简陋，抗潮性能差，从技术上看，它甚至与苏北滩涂老百姓修建的避潮墩有着渊源。但它与海塘在功能上有较大差别。墩只是避潮，无御潮作用。避潮墩，俗称救命墩。苏北海岸地带由于海岸上升，黄河泥沙堆积，海水东退，滩涂扩大，这里成为灶丁盐户刈割芦苇、杂草的地方。然而，每当风暴潮时，海浪突然排山倒海而来，在滩涂上劳作的人就很危险，因而他们筑避潮墩自救。《筑墩防潮议》④清楚地介绍了避潮墩。

提到海塘起源还应提到"冈身"。《吴郡图经》说："濒海之地，冈身相属，俗谓之冈身。"⑤在苏南和上海地区的古代文献中曾提到"冈身"，陆人骥认为，这条冈身北起今江苏省常熟县福山，经太仓县的直

---

① 朱契.《江浙海塘建筑史》. 第1页. 上海：学习生活出版社. 1955年.

② 周潮生认为，地转偏向力造成钱江潮冲击海宁塘的说法，还可斟酌。历史上钱塘江河口较顺直，潮直冲杭州城以上，又怎么说呢？关于这点，他在韩曾萃等著《钱塘江河口治理开发》第一章里有阐述。

③ 陈吉余.《我国围海工程的经验与今后意见》. 载《高等学校自然科学学报》（地质、地理、气象）. 试刊. 第1期(1964年).

④《筑墩防潮议》. 载乾隆《盐城县志》卷十五.

⑤《吴郡图经》. 载金祖同.《金山卫访古记纲要》. 第38页. 1935年.

塘、上海市嘉定县的外冈与黄渡、上海县的马桥，一直到奉贤县的柘林。[①]这条古冈身距今已4000多年，（见图5-1）这可能是目前最早的海塘遗迹。但周潮生指出，冈身是潮汐涨落造成的泥沙和贝壳等堆积物，不能直接称为海塘。古人在冈身能阻拦潮水启发下，利用冈身加高，才成为海塘。

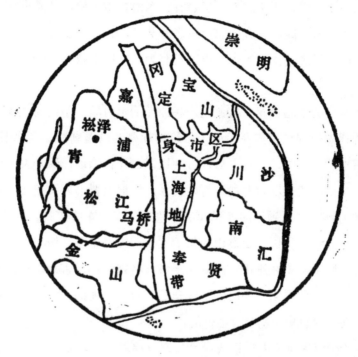

图5-1　古冈身分布示意图
（引自陆人骥.《我国海塘起源初探》.《科学史集刊》. 第10辑. 1982年）

秦汉以前，东南沿海缺乏海塘记载。但陆人骥还认为北方已有记载，一些地方志如光绪《续修昌邑县志》、乾隆《宁河县志》等提到秦汉以前已有海塘。秦汉以后，东南沿海开始有此记载。最早的记载是

---

① 陆人骥.《我国海塘起源初探》. 载《科学史集刊》. 第10辑. 1982年.

东汉钱塘（今杭州）的钱塘江的海塘。《钱塘记》指出："防海大塘在县东一里些，郡议曹华信家议立此塘，以防海水。始开募有能致一斛土者，与钱一千，旬月之间，来者云集。塘未成而不复取，于是载土石者皆弃而去，塘以之成，故改名钱塘焉。"①

三国时也提及海塘。《吴越备史》指出："一日主皓染疾甚。忽于宫廷黄门小竖曰，国主封界，毕亭谷极东南金山咸塘，风激重潮，海水为害，人力所不能防。金山北，古之海盐县，一旦陷没为湖，无大神力护也。臣，汉之功臣霍光也。臣部党有力可立庙于咸塘。臣当统部属以镇之。"②

沪渎垒为水边高阜，实则是一种原始的土海塘，是民间避潮墩的发展。晋代湖州刺史虞潭在沿海一带筑沪渎垒，以遏潮冲。《晋书·虞潭传》指出："是时，军荒之后，百姓饥馑，死亡涂地，潭乃表出仓米赈救之。又修沪渎垒以防海沙，百姓赖之。"但《晋书》又记载，沪渎垒是一种为预防孙恩领导的渔民起义军攻击的海岸军事工程。《晋书·孙恩传》记载："吴国内史袁山松筑沪渎垒，缘海备恩。明年，恩复入浃口，雅之败绩，牢之进击，恩复还于海，转寇沪渎，害袁山松，仍浮海向京口。"由此看来，当时的沪渎垒是有双重功能的，它能防止潮灾，所以在海塘建筑史中仍是有地位的。

《新唐书·地理志》记载："盐官有捍海塘，堤长百二十四里，开元元年重筑。"这说明早在唐开元元年（713）前，钱塘江已有较大规模的海塘。

海塘长期为土塘，修筑容易，但抗潮性能较差。五代时吴越王钱镠为修筑钱塘江海塘而组织士兵射潮的传说，也说明当时钱塘江怒潮是十分猛烈的，海塘已出现向石塘的过渡。《咸淳临安志·捍海

---

① 《钱塘记》. 载《水经注·浙江水》引.
② 《吴越备史》. 载嘉庆《云间志·金山忠烈昭应庙》引.

塘》称："梁开平四年八月钱武肃始筑捍海塘。在候潮通江门之外，潮水昼夜冲激，版筑不就……遂造竹络，积巨石，植以大木，堤岸即成，久之乃为城邑聚落。"《梦溪笔谈》卷十称："钱塘江钱氏时为石堤，堤外又植大木十余行，谓之椝柱。"钱镠这次筑海塘，显然有了较大进步。至于《梦溪笔谈》所说的塘身为"石堤"，可理解是竹笼实石。堤外有椝柱，以减缓潮波对海塘塘基的冲击。清代钱文瀚撰《捍海塘志·遗事》收武肃王曾孙钱惟演《曾大父武肃王筑捍海塘遗事》，载有此塘结构。

北宋时，李溥、张夏曾多次修筑钱塘江海塘，开始时仍用竹笼实石钱氏旧法，后来采用巨石砌成。宋庆历七年至皇祐二年，政治家王安石在鄞县做知县，在筑海塘时创筑了"坡陀塘"。以前的石海塘临水面都是垂直壁立。海潮来势凶猛，正面冲击海塘，塘身易圮倾。临水面采取斜坡的坡陀形，可杀潮势，大大提高了护塘作用。

宋淳熙八年（1181），政治家范仲淹(989～1052)曾大力兴修长江以北的海塘约150里长，而且海塘面海一侧，曾垒石作坡。这也是筑塘史上的重大工程，后世称为范公堤，名垂史册。当时和范仲淹一同主持修堤的有张纶。《宋史·张纶传》说："泰州有捍海堰，延袤百五十里，久废不治，岁患海涛冒民田。纶方议修复，论者难之……纶表三请，愿身自临役……卒成堰……州民利之。"《宋史·河渠志》对范公堤作了如下记载："淳熙八年，提举淮南东路常平茶盐赵伯昌言：通州、楚州沿海，旧有捍海堰，东距大海，北接盐城，袤一百四十二里。始自唐黜陟使李承实所建，遮护民田，屏蔽盐灶，其功甚大。历时既久，颓圮不存。至本朝天圣改元，范仲淹为泰州西溪盐官日，风潮泛溢，淹没田产，毁坏亭灶，有请于朝，调四万余夫修筑，三旬毕工。遂使海濒沮洳泻卤之地化为良田，民得奠居，至今赖之。自后浸失修治，才遇风潮怒盛，即有冲决之患，自宣和、绍兴以来，屡被其害……每一修筑，必请朝廷大兴工役，然后可办。望令淮东常平茶盐司，今后捍海堰如有塌损，随时修葺，务要坚固，可以经久。从之。"

元代曾多次修建海塘，部分已改为石塘，杭州海塘部分是用巨石砌成的；海宁则用石囤木柜之法修成石塘。

明代重视水利和海塘建筑。300年间，前后有13次大修工程。在工程设计上也有较大改进，先后采用石囤木柜法、坡陀法、叠砌法、纵横交错法。最后黄光升集筑塘法之大成，在海盐创筑五纵五横鱼鳞塘（见图5-2）。他又著《筑塘说》，详细地介绍了修筑大塘的纵横交错法。

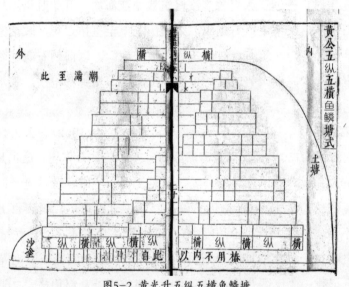

图5-2 黄光升五纵五横鱼鳞塘
（引自明天启《海盐县图经》卷八）

清朝政府为确保东南财赋收入，并笼络江南士大夫，维护封建统治，康熙、雍正、乾隆三朝，动员大量人力、财力，修筑钱塘江海塘。乾隆帝为海宁的钱塘江海塘修筑，曾四次（乾隆二十七、三十、四十五、四十九年）南巡到达海宁，亲自理会海宁塘工。他每次来海宁都住在海宁陈家安澜园，故"海宁陈家"一词，流传于朝野，并有乾隆帝是陈阁老（陈世倌）之子之说。金庸的《书剑恩仇录》也写了两个儿子乾隆和红花会总舵主陈家洛的恩仇故事。尽管只是传说，但确实脍炙人口。孟森认为，"帝出乎陈之为无稽野语"[1]。

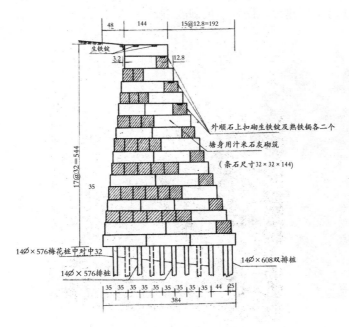

图5-3 海宁鱼鳞石塘断面图（乾隆～宣统）
（本图由钱塘江工程管理局陶存焕提供）

　　清代江浙海塘在历代建筑基础上，大部改土塘为石塘，修筑了从金山卫到杭州221千米（从杭州狮子口到沪浙交界塘实长137千米，沪浙交界至南汇嘴塘长84千米）的石塘，而且大多是工程质量优良的鱼鳞大石塘。鱼鳞石塘全部用整齐的长方形条石顺上叠，自下而上垒成。每块条石之间用糯米、乌樟等浆砌石，外用桐油拌石灰杂苎麻丝勾抹，再用铁锔扣榫，层次如同鱼鳞。其背水面则以土壅固加厚。现存的海塘大多为清代重修的鱼鳞大石塘（见图5-3和图5-4）。于是江浙海塘，更有效地挡住了杭州湾汹涌的潮波，保卫了这沃野千里的太湖平原，特别是杭嘉

① 孟森. 《海宁陈家》. 载《中华文史论丛》. 1979年第2辑.

湖平原以及钱塘江南岸的宁绍平原，使这历代潮灾十分严重地区成为富庶的鱼米之乡。江浙海塘在近60年来又得到了全面的修复和整治。浙江还进行了标准塘建设，提高了抗御能力。

图5-4　海宁鱼鳞塘

二、雄关潮闸

海塘是滨海的万里长城，潮闸就是这滨海长城的雄关。海塘和潮闸共同配合，可有效抵御潮灾，又可以使入海河流顺利入海，乃至进行潮灌。

古代在不少入海河口建立了潮闸。徐光启《农政全书》卷十三指出："新导之河，必设堵闸，常时扃之，御其来潮，沙不能塞也。"旱时可"救燠涸之灾"，涝时可"流积水之患"。清代钱咏《履园丛话·水学·建闸》指出："沿海通潮港浦，历代设官置闸，使江无淤淀，湖无泛溢，前人咸谓便利……闸者，押也，视水之盈缩所以押之以节宣也。潮来则闭闸以澄江，潮去则开闸以泄水。其潮汐不及之水，又筑堤岸而穿为斗门，蓄泄启闭法亦如之。"

　　福建莆田的木兰陂，是北宋元丰六年(1083)建成的一座大型水利工程（见图5-5）。建陂前，汹涌的兴化湾海潮溯流而上，直涌至今陂址上游3千米处。当时，溪、海不分，潮汐往来，泻卤弥天，农田旱涝也十分频繁。建陂之后，下御咸潮，上截淡水，灌田万余顷。至今仍发挥着较大的作用[①]。古代有名的潮闸不少，如江苏的盐仓闸、唐家闸，浙江萧绍平原的玉山和朱储两斗门、绍兴应宿闸、宁波它山堰等，都对农业的收成发挥了很大作用。

图5-5　木兰陂

　　《履园丛话·水学·建闸》对潮闸的作用有总结："设闸之道有数善焉，如平时潮来则扃之，以御其泥沙；潮去则开之，以刷其淤积。若岁旱则闭而不启，以蓄其流，以资灌溉。岁涝则启而不闭，以导其水，以免停

---

① 莆田县文化馆.《北宋的水利工程木兰陂》. 载《文物》. 1978年第1期.

泓。"光绪《常昭合志稿·水利志》总结潮闸有五利:"置闸而又近外,则有五利焉……潮上则闭,潮退即启,外水无以自入,里水日得以出,一利也……泥沙不淤闸内……二利也……水有泄而无入,闸内之地尽获稼穑之利,三利也;置闸必近外……闸外之浦澄沙淤积,岁事浚治,地里不远,易为工力,四利也;港浦既已深阔……则泛海浮江货船、木筏,或遇风作,得以入口住泊,或欲住卖得以归市出卸,官司可以闸为限,拘收税课,五利也。"

三、子胥祠和海神庙

明代陈天资《潮汐考》提到潮汐成因一些神秘性说法:"窦叔蒙云:'海鳅出入之度。'浮屠书云:'神龙变化'。"但窦叔蒙《海涛志》中没有查到这段话,而晋代周处《风土记》则提到"海鳅出入之度"[①]。总之神秘性的说法在中国古代丰富的潮论中只是偶然提到,影响很小。

有关潮神记载较多的与春秋时吴国大夫伍子胥有关。他被吴王屈杀后为发泄怨恨而驱水为怒潮。《越绝书》卷十四:"王使人捐子胥于江口,勇士之执,乃有遗鄙,发愤驰腾,气若奔马。"《吴越春秋》卷五:吴王赐"屡镂之剑"杀死子胥后,"弃其躯投之江中","子胥随流扬波,依潮往来,荡激崩岸"。《史记·伍子胥传》:伍子胥"自刭死。吴王闻之大怒,乃取子胥尸盛以鸱夷革,浮之江中。吴人怜之,为立祠于江上,因命曰胥山"。由此可见,东汉王充《论衡·书虚篇》中说的"子胥恚恨,驱水为涛"的迷信传说在先秦已开始。《论衡·书虚篇》提到钱塘浙江"皆立子胥之庙,盖欲慰其恨心,止其猛涛也"。可见伍

---

① 周处.《风土记》.载《太平御览·地部·潮水》.

子胥在东汉已成了潮神，祭祀活动已流行。

由于钱塘江潮灾十分严重，清代康熙、雍正、乾隆三代大修江浙海塘，并将其改成鱼鳞石塘。也正是这期间在鱼鳞石塘附近修筑了富丽堂皇的潮神庙，至今为国家重点文物保护单位。

图5-6 海宁潮神庙

雍正八年(1730)三月，浙江总督李卫奉敕建造海神庙，次年十一月建成了这座祭祀浙海之神的神庙。海神庙"气度恢宏，规模壮丽"，正殿仿紫禁城太和殿而建，极为雄伟，系重檐歇山顶式宫殿建筑（见图5-6）。海神庙建筑耗银10万两。因像太和殿，故有"银銮殿"之称，当地百姓又称之为庙宫。海神庙初建时正殿祀主神浙海之神牌位，以武肃王钱镠、吴英卫公伍子胥从祀。

咸丰十一年（1861），海神庙部分建筑毁于兵火。光绪十一年

（1885）又耗银5万两重修。现尚存庆成桥、仪门、正殿、汉白玉石
坊、御碑等。汉白玉的碑亭是皇宫的"专利"；那用汉白玉雕刻成的一
对大狮子，虎虎生威，同样是汉白玉的底座上，刻有海浪和珍禽异兽的
浮雕，寓"安澜"之意。现存的海神庙已无当年建造时的规模，但画满
全殿的81块龙凤图与四代清朝皇帝的钦赐匾额，足够显示其"江南紫禁
城"的高贵地位。

　　庙内塑造了身穿龙袍的海神像（见图5-7）。

图5-7 身着龙袍的海神像

图5-8 御碑亭

值得注意的是，庙内陈列的御碑上，明月的明不是"日月"明，而是"目月"明。御碑亭 （见图5-8）中的碑正面是雍正帝的题词，背面是他儿子乾隆帝的题词。两代皇帝在同一块碑上题词，确实罕见，显示着皇家督造的气度。御碑中，乾隆的"御"字，还出了头，隐隐显示超越他父亲之意。

四、六和塔和占鳌塔

　　《咸淳临安志·捍海塘》记载了五代时梁开平四年（910）八月，钱武肃王钱镠在候潮通江门之外用强弩射潮头，筑捍海塘的故事。北宋开宝三年（970），当时的吴越国国王为镇住钱塘江怒潮派僧人智元禅师建造了六和塔。六和塔位于杭州西湖之南，钱塘江畔月轮山上。现在的六和塔塔身重建于南宋（见图5-9）。

图5-9　六和塔

　　在海宁宏伟的钱塘江海塘上耸立着占鳌塔（见图5-10）。占鳌塔又名镇海塔，是一座楼阁式佛塔，始建于宋代，重建于明万历四十年（1612），至今已有390多年历史。占鳌塔高40米，周长25米，平面呈六边形，外观七层，内为八层，砖身木楼，造型极为壮丽。登临占鳌塔观一线潮是海宁潮观赏的最大特色。登塔俯视，盐官古城风貌尽收眼底，杭州之玉皇山、海宁市硖石镇之沈山（东山）也隐隐可见。

图5-10 占鳌塔

五、镇海铁牛

在海宁鱼鳞石塘上还有镇海铁牛，始铸于清雍正八年（1730），原有五座，乾隆五年(1740)又铸四座，分别置于钱塘江北侧沿岸。其前蹄内跪，牛腿坐地，造型逼真，形态自如。当时有一种说法：水牛克水，以牛治水，使怒潮不再成为祸害。可惜的是铁牛后部均被毁。1986年6月为了恢复"镇海铁牛"这一景观，文物部门根据资料重新设计铸造了这对铁牛，分别置于占鳌塔东西两侧。新铸的铁牛上仍保留了铁牛铭："唯金克木蛟龙藏，唯土制水鬼蛇降，铸犀作镇奠宁塘，安澜永庆报圣皇。"（见图5-11）

镇海神物有很多，据史料载有：造子胥祠、海神庙、潮神庙、镇海塔、镇海楼，设海神坛，封四海为王，祭海神、潮神，置镇海铁牛，投铁符，强弩射潮等。沿海一些地方还取了一些象征海安洪宁的吉祥名称。在钱塘江边就有海宁、宁波、镇海等县市。

图5-11 镇海铁牛

六、潮汐文化长廊设想

中国的潮汐文化在时间上至少有2000年。如果从距今18000年前的山顶洞人遗址中发掘出多个海蚶壳钻有小孔，用于串起来做项链算起，那潮文化就更久远了。在地域上潮文化遍及黄海、渤海、东海和南海沿岸及岛屿，在内涵上更是博大精深。总之，中国潮汐文化在世界上是独具特色又无与伦比的。中国潮文化又相对集中在钱塘江杭州—海宁一线，形成绚丽的潮汐文化长廊。

（一）江浙海塘

从上海金山卫到杭州的江浙海塘十分雄伟，其历史至少可追溯到东汉。这里的海塘及其筑塘技术不仅在中国，在世界同期上也是遥遥领先的。清代康熙、雍正、乾隆三朝更在江浙海塘建立起坚固的鱼鳞大石塘。江浙海塘与长城、大运河并列为中国古代三大工程。鱼鳞石塘现为国家级重点文物保护单位，这是最珍贵的潮文化遗产，是潮文化长廊的主干。

（二）钱塘潮文化公园

杭州古称钱塘，这里东汉时已有子胥祠用于祭祀。在唐、宋和明前期，这里观怒潮之风俗盛行，更有着灿烂的潮汐文化。为集中古代丰富的杭州潮文化资源，弘扬特有的潮文化，应考虑在六和塔附近的钱塘江畔新建滨江钱塘潮文化公园，一方面作市民休闲活动场所，同时展示钱塘时古潮文化的博大精深。有关文物很多，可初步考虑如下：

（1）公园自然环境与古代潮文化依山傍水的活动地点相同：依月轮山和其上用于镇潮的六和塔；傍一天两次的钱塘江潮。

（2）重修古代渡钱塘江的古渡口——浙江亭。亭中可仿照元代宣昭安放的刻有1056年吕昌明的《浙江四时潮候图》潮信碑。亭外可列刻有五代末赞宁和尚的钱塘江潮候口诀。

（3）在浙江亭附近的唐宋观潮处，建造一定的标志性建筑。由于这里涌潮已不大，无危险性，故可考虑建水上公园，节日时可搞些弄潮活动。

（4）在五代吴越国钱镠为筑塘组织强弩射潮的古代候潮通江门之外处，建立强弩射潮的雕塑。

（5）建立钱塘潮文化碑林。展示历代名人、大文学家观潮后的诗、词、赋、画以及有关潮论。

（6）其他古代潮文化内容。

（三）海宁潮文化博物馆

明代后期以来，盐官是天下奇观钱塘江怒潮的最佳观赏地，海宁观潮名扬天下。"海宁天天可观潮，盐官月月有大潮"，全年有150多个观潮佳日，每年又有国际观潮节。这里潮文化十分发达：有最宏伟的古代遗留下的鱼鳞大石塘遗址；有众多近代名人的观潮后的诗文、题词以及潮论，因而可以开辟海宁潮文化碑林；有"江南紫禁城"之称的海神庙宫；有雍正、乾隆合题的御碑亭；有用于镇怒潮的占鳌塔和铁牛；有隐藏"乾隆身世"的陈阁老宅和安澜园等等。

海宁有如此集中的明清以来的潮汐文物，因而政府有关部门应当考虑建立一个潮文化博物馆，这也是中国第一个潮文化博物馆。此博物馆主要是全面收集、整理、研究、宣传钱塘江潮文化，也应收集整理全国潮文化的资料和文物。博物馆应有观潮及其文学艺术、潮灾、海塘、潮闸、潮汐利用、潮论等方面内容。其功能是科普宣传与学术研究相结合，营运模式则是传统与现代相结合。

附录：

传统潮论为什么没有产生近代潮论

1687年英国牛顿(I.Newton,1642～1727)的《自然哲学的数学原理》一书出版，系统论证了万有引力定律，解释了潮汐的成因，从而建立起近代潮论。近代潮论明确揭示，海洋潮汐的成因是由两种因素组合形成的。首先是万有引力，存在于天体,特别是月球对地球海洋水体的吸引，即引潮力。在此引潮力作用下，地球水体（世界大洋）在月—地连线方向上的地球两端隆起，形成大洋椭球体。但如果没有地球自转，这椭球体隆起部分基本停留在原地，就不会形成明显的潮汐现象。因此，第二个因素便是地球本身的自转。地球自西向东自转,隆起水体就在大洋中自东向西相对流动,形成潮流。潮流到达河口海岸处因河床狭窄变浅，就被迫上涌形成潮汐。太阳对地球水体也有万有引力,故也有引潮力。只不过万有引力大小是与两个物体的距离平方成反比的，太阳质量虽很大，但却远比月亮离地球远，所以太阳引潮力也比月球的要小得多。太阳引潮作用不像月亮，不是明显表现在同步性上，而是表现在一朔望月中，潮汐大小有着周期性的变化。由于月球绕地球公转，一朔望月中，日、地、月三者的相对位置有着周期性变动：在朔和望时，三者在同一直线上,日、月引潮力叠加，潮汐最大；在上弦、下弦时，日、月引潮力相互成直角，抵消最大，故潮汐最小。这样就形成一朔望月中潮汐大小的周期性变化。

中国古代的潮汐成因研究不仅早已涉及引潮力，也早已涉及日、地、月三者的相对位置变动，即天地结构，并均有杰出成果，应用天文历算在潮汐周期计算上已很精确。既然在两个成潮因素上均有成果，那么人们就必然要问：为什么先进的中国古代潮论反而没有产生近代潮论？这里专门讨论这个问题。

一、天地结构论潮论中的地是平的

关于潮汐成因第一个要素的引潮力，中国的传统的同气相求引潮力是与近代万有引力的引潮力有鸿沟的。牛顿说，他提出万有引力定律是站在巨人肩上的。这巨人是指开普勒（J. Kepler, 1571～1630）及他发现的行星运动三定律。但是在本文讨论中，我们还是认为，仅从引潮现象看，同气相求与万有引力有相似之处。

但是从关于潮汐成因第二个因素的天地结构论看，从浑天论潮论要进化到近代潮论就十分困难了。这不仅有几个鸿沟，并且是观念的根本变革。首先必须知道浑天论中的大地究竟是圆的还是平的，这曾是我国科学史界一个长期争论的问题，这种争论有时还十分激烈。

长期以来流行的说法是，中国传统地球观是球形大地观，较过硬的理由是张衡《浑天仪图注》中的"浑天如鸡子，地如鸡中黄"。这一般认为既然说大地如鸡蛋黄，自然应是球形的。但1964年唐如川发表了反对意见的论文——《张衡等浑天家的天圆地平说》[①]，认为浑天说的地不是球形而是平的。但论文发表后20多年遭冷遇，未见产生影响。20世纪80年代，金祖孟重提唐如川观点，则遭到强有力反对，论文多年不能发表。1984年第二届全国地学史会议（桂林）专门组织"中国传统地球观问题"专题讨论。参加讨论的地学史家绝大多数是支持唐、金观点的。以此会为转机，在80年代末90年代初多篇主张古代是地平大地观的论文得以发表。金祖孟也终于在他逝世前这年出版了他参与这场论战的总结性的专著——《中国古代宇宙新论》[②]。本人一直主张地平说，支持金祖孟，不仅组织了1984年桂林地学史年会上的专题讨论，还发表过有关论

---

① 唐如川．《张衡等浑天家的天圆地平说》．载《科学史集刊》．1964第4期．
② 金祖孟．《中国古代宇宙新论》．上海：华东师范大学出版社．1991年．

文——《中国传统地球观是地平大地观》①，最后对有关地球观的这场争论情况进行了初步的学术总结——《当前的一场中国古代传统地球观的争鸣》②。

尽管今日的天文学史界已基本接受地平大地观，但也有少数学者坚持某些浑天家的地是圆的观点。我们认为这是天文学史界一个百家争鸣的问题，天文学史界可以进一步研究和讨论。但本文只是有关潮论的探索，因此只能首先从古代浑天论潮论的有关论述进行讨论。

浑天论潮论认为，天圆而地方，大地浮于海面，天球又包着它们，潮水是由于某种外力冲击海水，海水冲向陆地而引起的。唐代卢肇《海潮赋》不仅提出大地浮于世界大洋上的浑天论结构说，而且解释了大地能够浮于海面的原因，指出："清者浮于上，浊者积于渊。浊以（载）物为德，清以不极为玄。载物者以积卤负其大，不极者以上规奠其圆。故知卤不积，则其地不能载；玄不运，则其气无以宣。夫如是，山岳虽大，地载之而不知其重；华夷虽广，卤承之而不知其然也。"这里明确说大地是浮在海上的。华夷虽广虽重，但卤（咸的海水）能承之。

至于什么原因使海水上冲成潮，各家说法又不同：东晋葛洪提出，天河水、河水、海水三水相荡激涌成潮；唐代卢肇提出日激水成潮；五代邱光庭提出地中气出入大地升落成潮等。不同天地结构论潮论并没有谈论平的大地水下部分的形状。有学者认为，古代有的浑天家已逐渐改进，乃至有人认为水下为半球形。但这形状问题与潮论无直接关系，因为古代潮论家并不涉及，实际上古代潮论也不用涉及大地水下部分的形状。

邱光庭的理论是较成熟的浑天论潮论。他的《海潮论》特意介绍了浑天说："气之外有天，天周于气，气周于水，水周于地，天地相将，

---

① 宋正海. 《中国传统地球观是地平大地观》. 载《自然科学史研究》. 1986年第1期.
② 宋正海. 《当前的一场中国古代传统地球观的争鸣》. 载《科学、技术与辩证法》. 1985年第4期.

形如鸡卵。"但有学者认为既然潮汐学家邱光庭也提到"天地相将，形如鸡卵"，就是中国古代潮汐学中的大地是球形的有力证据。其实不然，原因有三：（1）这里对浑天说的解释，在大地形状问题上说得并不比张衡《浑天仪图注》更为清楚，因而无法再否定唐如川、金祖孟对浑天说研究的多篇论文中的地平结论。至于"将"字，古代有"扶持"、"跟从"、"和"等意思，故"天地相将"可以指天和地的相互关系，即是天大地小；天外地内；天包水；水包地而已。（2）邱光庭《海潮论》："地之所处，于大海之中，随气出入而上下。气出则地下，气入则地上。地下则沧海之水入于江河，地上则江河之水归于沧海。入于江（河）谓之潮，归于沧海谓之汐。此潮之大略也。"据此段记载，《中国古代天文学思想》画出了邱光庭浑天论潮论示意图[①]，图中可看出大地并不是球形，而是一个覆碗。我们同意此示意图，但也有所不同。由于古代人早就知道，大地高差远比大地广袤小得多，所以绝不会是类似覆碗的半球，而是一个很浅很浅的覆盘，基本上仍可以说是一个平面。（3）按邱光庭潮论，由于地气不断进出，大地沉浮频繁。然而大地在沉浮时必须保持绝对水平，不然大地某一侧就会形成全球性海啸入侵。所以为稳定保持水平，大地也必须是个十分广袤的平面。由此可见，仅以"天地相将，形如鸡卵"一句话，就说邱光庭《海潮论》主张大地球形观是十分勉强的。

尽管中国古代潮论中至今未找到地圆说，但鉴于中国传统地球观问题毕竟与天地结构论潮论有一定深层关系，所以我们也不宜完全局限于已有的潮论史料，可适当涉及比潮论更广一些的传统地球观问题。

我们认为，中国传统地球观是地平大地观，是与中国有着得天独厚的农业自然环境和发展起高度农业文明有着密切关系的。中国古代宇宙论（天地结构论）很难摆脱这个大政治文化环境。讨论中国传统地球观

---

① 陈美东．《中国古代天文学思想》．第148页．北京：中国科学技术出版社．2008年．

究竟是圆是平问题，应与其他重大科学史问题一样，不只是满足于从故纸堆中找寻只言片语，进行易引起歧义的有球形观的推测，而应该从与大地形状关系十分密切的大的科学技术领域中分析得出。如果地圆说确实曾经成为主流观点，那一定在与大地形状关系密切的广泛领域中有所反映。但十分遗憾的是至今未见有人发现过。

1267，年西域天文学家札马鲁丁（Jamal al-Din）在中国造了七件阿拉伯天文仪器，其中一件是地球仪，直观地表示了大地的球形。此事载入了《元史•天文志》，但在中国并未产生明显的影响。关于这一点，看来只能用中国浑天家长期以来坚持地平大地观来加以解释。

尽管，元、明、清时期，在少数中国学者中已开始出现有模模糊糊的类似球形观的论述[①]，但直到清代，中国大地球形观不仅在理论界没有地位，而且在实用中更未见被应用过的迹象。相反，在中国古代所有与大地形状有关的科学技术领域，都是从地平观念出发来提出问题、讨论问题和解决问题的，似乎从来都不考虑球形的，甚至连拱形也不考虑的。例如不仅潮汐成因理论中看不出大地球形观，在中国古代的地图（技术）系统，"地理纬度测量"、"地球子午线测量"和"地球大小测量"、远洋航行等领域，均是地平观占统治地位的[②]。

二、陆球观也是地平观

其实，不管水下部分是什么形状，人类只能生活在地面部分，活在空气里，因此即使偶然出现过大地球形观的说法，那也只是一个不能自转的陆球。而古希腊的大地球形观不是浮在大洋上的陆球，而是水球。

---

① 元代李治《敬斋古今》："地体未必方正，令地正方，则天之四游之处，定相窒碍。窃谓地体大略虽方，而其实周匝亦当浑圆如天，但差小耳。"朱载堉《律书融通•黄钟历议•月食》：解释月蚀成因，"旧说日、月与地，三者形体大小相似，地体亦圆而不方，其大小可当天一度半，而天周当地径二百四十倍也。日月相冲，我地所蔽，有景在天，其大如日，日光不照，名曰暗虚。月望行黄道，则入暗虚矣……"
② 宋正海、陈传康. 《郑和航海为什么没有导致中国人去完成地理大发现》. 载《自然辩证法通讯》. 1983年第1期.

札马鲁丁地球仪所表示的地球是水球，即"七分为水，其色绿；三分为土地，其色白"这样直观的水球，但也未见对中国有任何的启发，可见中国陆球观，即传统地平观的根深蒂固。

正由于中国古代没有水球观，所以在中国古代始终没有产生对跖地的说法和争论，而西方这种争论即使在中世纪仍持续了1000年。正由于没有水球观，中国古代虽有着发达的远航，也从来没有作过东行西达、西行东达的任何努力，连这种想法也未见记载。有关郑和下西洋的研究也未见发掘出船队有向东航行去西洋的任何设想的史料。当代英国科学史家孟席斯（G.Menzies）提出，郑和航海到达美洲，并进行环球航行。但这种离奇的新观点几乎整个学术界都无法认同。本人较早向孟席斯当面提出不同意见，并较早发表论文《孟席斯的郑和环球航行新论初评》。[①]

这种没有水球观的陆球观，与其说接近球形观，还不如说更接近地平观。其实陆球观主要是坚持地平观的人们在大量球形新事实面前为要继续维持地平观，而不得不修改原始地平观形成的：由方形平面（平板）到圆形平面（平板），由圆形平面到拱形平面，由拱形平面到球形固体大地。这就是所谓浑天论的不断"改造或修正"，但也只是在地平框架内的修修改改而已，并不是观念的变革。在这种陆球观念中，可居住的人类世界仍是平的或拱形的水面以上部分。不仅如此，这种浮在大洋中的陆球，必须像广袤的平板才能十分稳定地保持水平浮在大洋上，绝不能有任何的倾斜或大的晃动，不然人类文明最集中的海岸平原和河口三角洲将经常性地有千百万人葬身大海。这种危险局面是中国古代潮论学家不愿看到的，也十分清楚是从未发生过的。居然大地要保持绝对水平，那即使浑天论中的地已经产生了模糊的陆球观，但在浑天论潮论中也不会接受球形观的，更不会产生地球自转思想，因为这种自转虽为

---

① 宋正海.《孟席斯的郑和环球航行新论初评》.载《太原师范学院学报》.2002年第1期.

近代潮论的一个重要原因，但是对大地上的人将带来灭顶之灾。

三、传统潮论要进化成近代潮论必须通过科学革命

中国传统潮论以大地中心说地平观作为基础，而近代潮论以日心地动说作为基础，两者观念上有着巨大鸿沟。在西方，从地球中心说到日心地动说经历了哥白尼（N.Copernicus，1473～1543）革命。这是一场反对教会神创论的可歌可泣的斗争，许多坚持科学真理的先驱者遭到迫害，布鲁诺（G.Bruno，1548～1600）更活活被烧死在罗马鲜花广场。然而在西方经历从哥白尼《天体运行论》到牛顿《自然哲学的数学原理》的科学大革命时，中国并没有产生这类科学革命，也没有这种深刻的地球观、宇宙观的变革。

在古希腊地球中心说中的大地是球形大地，因而出现了经纬度、地图投影和世界地图。埃拉托色尼（Eratosthenes，约前275～前194）已较精确地测量了地球大小。尽管在欧洲中世纪地平观占了统治地位，但大地球形观并未完全消失，中世纪长达1000年的对跖地是否存在之争就是证明。到哥伦布（C.Colombo，约1451～1506）时代，学术界已有人相信大地是球形，托斯卡内利（T.Toscanelli，1397～1482）就告诉哥伦布，向西航行可以到达东方的中国和印度。哥伦布也因此终于说服西班牙女王伊萨伯拉一世（Isabel I，1451～1504）实现了他的地理大发现航行。中国古代，尽管西方地圆说有几次传入，但均没有产生应有的反应。相反，明代意大利传教士利玛窦(Matteo Ricci，1552～1610)等人来华，又一次向中国传入大地球形观。明崇祯二年（1629）开始，徐光启、汤若望(J.A.S.von Bell，1591～1666)等人编纂《崇祯历书》。此历书理论体系，虽非日心说，但已是大地球形观。但是在康熙初，大地球形观在中国士大夫阶层中仍遭强烈反对。例如钦天监使杨光先认为球形大地理论幼稚可笑，"竟不思在下之国人之倒悬"，使人"不觉喷饭

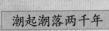

满案"，为此他还对汤若望展开了严厉的责问。

不仅中国浑天论潮论与近代潮论有如此大的鸿沟，前面还提及传统的同气相求引潮力与近代万有引力实际还存在开普勒行星运动三定律这个鸿沟。

所以尽管中国古代有着十分先进的潮汐成就和高超的潮论，尽管中国同气相求的元气自然论潮论已是较好地解释了引潮力，尽管浑天论潮论已开拓了用天地结构论解释潮汐成因，但两者没有实现观念的变革，没有逾越鸿沟，因而也不能真正结合产生近代潮论。

参考文献

朱契．《江浙海塘建筑史》［M］．上海：学习生活出版社，1955年．

李约瑟．《中国科学技术史》［M］．第4卷．北京：科学出版社，1975年．

中国古潮汐资料整理研究组．《中国古潮汐资料汇编》（潮谚）［M］．（送审稿）．1978年．

陈宗镛、甘子钧、金庆祥．《海洋潮汐》［M］．北京：科学出版社，1979年．

中国古潮汐史料整理研究组．《中国古代潮汐论著选译》［M］．北京：科学出版社，1980年．

陆人骥．《我国海塘起源初探》［M］．载《科学史集刊》（第10辑）．1982年．

宋正海．《中国古代的海洋潮汐学研究》［J］．载《自然辩证法通讯》．1984年．第3期．

陆人骥．《中国历代灾害性海潮史料》［M］．北京：海洋出版社，1984年．

宋正海、赵叔松．《中国古代潮汐表》［J］．载《大自然探索》．1987年．第2期．

宋正海．《中国古代的潮田》［J］．载《自然科学史研究》．1988年．第3期．

陆人骥、宋正海．《中国古代的海啸灾害》［J］．载《灾害学》．1988

年．第3期．

宋正海、郭永芳、陈瑞平．《中国古代海洋学史》［M］．北京：海洋出版社，1989年．

金祖孟．《中国古代宇宙新论》［M］．上海：华东师范大学出版社，1991年．

宋正海、孙关龙等主编．《中国古代重大自然灾害和异常年表总集》（海洋象）［M］．广州：广东教育出版社，1992年．

屈宝坤、宋正海．《中国古代月亮文化观》［M］．载《地学的哲理》．西安：西北大学出版社，1994年．

宋正海．《东方蓝色文化》［M］．广州：广东教育出版社，1995年．

海宁市政协文史资料委员会编．《海宁潮文化》［M］．1995年．

宋正海、孙关龙主编．《图说中国科技成就》［M］．杭州：浙江教育出版社，2000年．

宋正海．《潮汐文化漫笔》［J］．载《科学对社会的影响》．2001年．第1期．

宋正海、高建国、孙关龙、张秉伦主编．《中国古代自然灾异群发期》［M］．合肥：安徽教育出版社，2002年．

宋正海、高建国、孙关龙、张秉伦主编．《中国古代自然灾异相关性年表总汇》［M］．合肥：安徽教育出版社，2002年．

宋正海．《中国传统风暴潮文化》［C］．载《岭峤春秋——海洋文化论集》（三）．广州：中山大学出版社，2002年．

徐鸿儒主编．《中国海洋学史》［M］．济南：山东教育出版社，2004年．

宋正海．《灿烂的传统潮文化》［J］．载《浙江海洋学院学报》．

2007年．第3期．

陈美东．《中国古代天文学思想》［M］．北京：中国科学技术出版社，2008年．

（日）宇田道隆．《海洋科学史》［M］．北京：海洋出版社，1984年．

M. B. Deacon, Oceanography, Concepts and History, Dowden, Hutchinson and Ross, Inc. 1978.

Song Zhenghai et al., Formation and Development of Traditional Oceanography in Ancient China(-1840 A.D.)，Deutsche Hydrographische Zeitschrift, Nr. 22, 1990.

Song Zhenghai and Chen Chuankan, Why did Zheng He's Sea Voyage Fail to Lead the Chinese to Make "Great Geographic Discovery"?, Boston Studies in the Philosophy of Science, Vol. 179 (Fan Dainian and Robert S. Cohen ed., Chinese Studies in the History and Philosophy of Science and Technology, Kluwer Academic Publishers, 1996).

总　跋

　　《自然国学丛书》第一辑（9种）终于出版了。

　　《自然国学丛书》于2009年5月正式启动，当即受到众多专家学者的支持。在一年左右的时间内有近百名专家学者商报选题，邮来撰写提纲，并写出40多部书稿。经反复修改，从中挑选9部作为第一辑出版。

　　在此，我们深深地感谢专家学者的支持和厚爱，没有专家学者的支持，《自然国学丛书》将是"无源之水，无本之木"；深深地感谢"天地生人学术讲座"及其同仁，是讲座孕育了"自然国学"的概念及这套丛书；深深地感谢支持过我们的武衡、卢嘉锡、路甬祥、黄汲清、侯仁之、谭其骧、曾呈奎、陈述彭、马宗晋、贾兰坡、王绶琯、刘东生、丁国瑜、周明镇、吴汝康、胡仁宇、席泽宗等院士，季羡林、张岱年、蔡美彪、谢家泽、罗钰如、李学勤、胡厚宣、张磊、张震寰、辛冠洁、廖克、陈美东等资深教授，没有这些老专家、老学者的支持和鼓励，不会有"天地生人学术讲座"，更不会有"自然国学"的提出及其丛书；深深地感谢深圳出版发行集团公司及其海天出版社，特别是深圳出版发行集团公司原总经理兼海天出版社原社长陈锦涛，深圳出版发行集团公司现总经理兼海天出版社现社长尹昌龙，海天出版社总编辑毛世屏和全体责任编辑，他们使我们出版《自然国学丛书》的多年"梦想"变为了现实；也深深地感谢无私地为《自然国学丛书》及其出版工作做了大量具体工作的崔娟娟、魏雪涛、孙华。

　　当前，"自然国学"还是一棵稚苗。现在有了好的社会土壤，为它的苗壮成长创造了最根本的条件，但它还需要人们加以扶植，予以浇

142

水、施肥，把它培育成为国学中一簇新花，成为发扬和光大中国传统学术文化的一个新增长极。"自然国学"的复兴必将为中国特色的社会主义新文化、中国特色的科学技术现代化作出应有的贡献。

《自然国学丛书》主编

2011. 12